普通高等教育"十四五"规划教材

化工原理实验

（第三版）

梁　亮　梁忠城　主编
孟秀红　审

中国石化出版社
·北京·

内 容 提 要

《化工原理实验》是“化工原理”“流体力学与传热”及“传质与分离过程”等相关课程的配套教材，注重培养学生综合素质，通过实验操作使学生掌握化工生产的基本操作技能。内容包括两部分：第一部分为化工原理实验基础知识，主要介绍化工原理实验概要、实验数据及测量误差、化工实验参数的测量技术与仪表、实验数据的处理方法以及基本操作技能；第二部分为实验内容，主要介绍化工原理各主要单元操作的演示、验证性实验与综合、设计性实验的实验装置、实验原理和实验操作方法。

本书可作为高等院校本科及专科的化工原理实验教材，也可供化学工程、环境工程、材料工程、食品工程、生物工程、油气储运工程、应用化学等专业的工程技术人员参考。

图书在版编目(CIP)数据

化工原理实验 / 梁亮，梁忠城主编．—3 版．—北京：中国石化出版社，2024. 1
普通高等教育“十四五”规划教材
ISBN 978-7-5114-7406-3

Ⅰ.①化… Ⅱ.①梁… ②梁… Ⅲ.①化工原理-实验-高等学校-教材 Ⅳ.①TQ02-33

中国国家版本馆 CIP 数据核字(2023)第 256231 号

中国石化出版社出版发行

地址：北京市东城区安定门外大街 58 号
邮编：100011　电话：(010)57512500
发行部电话：(010)57512575
http://www. sinopec-press. com
E-mail:press@ sinopec. com
北京艾普海德印刷有限公司印刷
全国各地新华书店经销

*

787 毫米×1092 毫米 16 开本 7. 75 印张 192 千字
2024 年 4 月第 3 版　2024 年 4 月第 1 次印刷
定价：28. 00 元

前　言

化工原理课程是自然科学领域的基础课向工程科学的专业课过渡的入门课程，是化工及其相关专业学生必修的一门重要的技术基础课。化工原理实验课程是随“化工原理”“流体力学与传热”及“传质与分离过程”等课程开设的一门重要的技术基础课程，其主要任务是通过实验教学，使学生巩固和加深对课堂理论教学内容的理解，同时得到化工实验技能的基本训练，加强学生的动手能力，强化工程观念。

本书内容包括两部分：第一部分为化工原理实验基础知识，主要介绍化工原理实验概要、实验数据及测量误差、化工实验参数的测量技术与仪表、实验数据的处理方法以及基本操作技能；第二部分为实验部分，包括化工原理各主要单元操作的实验项目，介绍了雷诺实验、流体流动能量转换实验、流体流动阻力测定实验、离心风机性能测定实验、恒压滤饼过滤实验、恒压板框过滤实验、板式塔演示实验、萃取实验、洞道干燥实验、离心泵综合实验、填料塔吸收综合实验、强化对流传热综合设计实验、筛板塔精馏设计实验、筛板塔精馏综合实验14个实验项目的实验原理和实验操作方法。

本书全面详细介绍了化工原理各单元操作的实验过程，并结合综合性和设计性实验强化学生的工程意识。在本书的编写过程中，我们吸收大量的实际生产操作经验和实验教学经验，加入详细的实验操作基本技能和故障处理方法，加入和改进更多的设计性实验，以提高学生的综合技能。此外，书中计算机处理实验数据部分，也是工程基本技能之一。教材内容力求结构合理、通俗易懂、实验操作介绍详细。实验后有大量的问题引导学生思考。

本书由广东石油化工学院化工原理教学与实验中心梁亮、梁忠城担任主编，并共同编写全书主要内容，易均辉、秦慧博、刘淑芝、吴景雄、李燕、童汉清、郑秋霞、梅树莲、李翔、刘伟涛、刘丽娟、辛宾宾参与了编写工作。全书由孟秀红审稿。

由于编者水平有限，书中难免存在不妥之处，衷心希望专家和读者提出宝贵意见，以便修改与完善。

目　录

第一篇　化工原理实验基础知识

第二篇　实验内容

第一篇　化工原理实验基础知识

第1章　化工原理实验概要

1.1　化工原理实验特点

化工原理实验是深入学习化工过程及设备原理、将过程原理联系工程实际、掌握化工单元操作研究方法的重要课程，是培养和训练化工技术人才分析解决工程实际问题能力的重要环节。化工原理实验与课堂讲授、习题课和课程设计等教学环节构成一个有机的整体。化工原理实验属于工程实验范畴，具有典型的工程特点。单元操作按照其操作原理设置，工艺流程、操作条件和参数变量等都比较接近工业应用，因此，一个单元操作实验相当于化工生产中的一个基本过程，通过它能建立起一定的工程概念。随着实验的进行，会遇到大量的工程实际问题，对学生来说，可以在实验过程中更实际、更有效地学到更多的工程实验方面的原理和测试手段，可以看到复杂的真实设备与工艺过程同描述这一过程的数学模型之间的关系。学习和掌握化工原理的实验及其研究方法，是学生从理论学习到工程应用的一个重要实践过程。

1.2　实验教学目的

① 使学生巩固和强化对化工原理知识的认识和理解，深入了解单元设备和单元过程的特性。

② 培养学生的动手能力，使学生熟练掌握化工生产典型设备的操作技能。

③ 培养学生良好的操作习惯。

1.3　实验教学内容

化工原理实验课程内容包括：实验的基础知识、实验仿真和实验内容。实验基础知识主要讲授实验参数的测量、实验数据的误差与分析、实验数据(含有效数字)的处理、实验的基本操作技能等。

1.4　实验教学的基本要求

①学会组织实验，以测试到必要的数据，如阻力系数、传热系数、传质系数、过滤常数等设备特性参数的测定。

② 掌握影响生产过程的操作参数，并懂得调节控制。

③ 掌握实验数据的处理方法(列表法、图示法、图解法)。

④ 实验预习：实验前学生必须认真阅读实验指导书，弄清实验目的、实验原理，根据实验的具体要求，讨论实验内容、步骤及应测数据，分析实验数据的测定方法，并预测实验

数据的变化规律。结合实验任务到实验室现场认真查看实验流程、设备结构及仪表的种类，了解实验操作过程和操作的注意事项，经过充分的预习，写出实验预习报告，方可进行实验。

⑤ 提交实验报告：实验报告是实验工作的全面总结和概括，它包括实验目的、实验原理、装置流程、操作方法和注意事项，还包括原始数据记录、数据处理、列表和作图、数据计算过程举例以及对实验结果进行分析讨论并作出结论。通过书写实验报告，使学生在实验数据的处理、作图、误差分析、问题归纳等方面的能力得到全面提高。实验报告是实验者个人理解认识的再创造过程，而不是实验教科书的翻版，每一名实验者都应认真对待，独立完成。

第2章　实验数据及测量误差

2.1　实验数据的来源

2.1.1　实验所得的测量记录数据分类

实验所得的测量记录数据大致可以分为以下几类：

① 与实验结果或数据处理直接有关的数据，如传热试验的温度数据、装置的尺寸、流量、压力等；

② 与实验结果或数据处理间接有关的数据，如流体流动阻力实验中的水温测定，其目的在于由水温查出水的黏度和密度；传热实验的空气温度测定，其目的在于由温度查出空气的密度和比热容值等物性数据；

③ 从手册中可以查到的数据，如传热实验中空气的物性数据、精馏实验的各组分的物性数据，应尽可能利用手册中的现成数据，以简化实验内容，但在应用时应核实数据来源是否可靠；

④ 指导实验操作的数据，如传热实验中的蒸气压数据，精馏实验中的塔顶、塔底温度等，这些数据是控制和判断操作的稳定性或过程变化情况的依据，同时也是数据处理时对某些实验点作出是否保留的判断的依据；

⑤ 环境条件及其他参考数据，如记录实验条件下的室温、湿度、大气压等，用以检查环境条件对实验结果或过程的影响；如对水银温度计的校正、气体流量的计算等。

2.1.2　直接测量数据及间接测量数据

根据以上的数据获得方法可分为直接测量和间接测量两类：

(1) 直接测量

测量结果可直接用实验测试数据表示的称为直接测量，例如温度计测量温度、真空表测定真空度等。

(2) 间接测量

测量结果要借助直接测定的数据，运用某种公式计算处理而得的测量称为间接测量。例如管道截面积总是通过先测直径后计算得到的，在实验中大量数据都是经过间接测量得到的。

2.2　关于测量误差的讨论

2.2.1　误差的定义

误差是指实验测量值(包括直接和间接测量值)与真值(客观存在的准确值)之差。误差的大小，表示测量值相对于真值不符合的程度。

在任何一种测量中，无论所用仪器、设备多么精密，方法多么完善，实验者多么精心细致地操作和测量，误差仍会产生。因此，误差永远不等于零，误差的存在是绝对的。

2.2.2 误差的分类

实验误差根据误差的性质及产生的原因，可分为系统误差、随机误差和过失误差三种。

（1）系统误差

由某些固定的因素所引起的误差称为系统误差。产生系统误差的原因有：

① 仪器和设备性能欠佳：测量刻度不准、设备零件制造不标准、安装不正确、使用前未经校正等；

② 试剂不纯：质量不符合要求；

③ 环境的变化：外界压力、温度、湿度和风速的变化等；

④ 测量方法因素：读数滞后或提前，读数偏高或偏低。

实验中若已知系统误差的来源应设法消除，若无法在实验中消除，实验前应测出其值的大小和规律，以便在数据处理时加以校正或用修正公式加以消除。

（2）随机误差

由某些不易控制的因素所造成的误差称为随机误差，也称偶然误差。即已消除引起系统误差的一切因素，在同一条件下多次测量，所测数据仍在末一位或末二位数字上有差别，其差别数值和符号时大时小，时正时负，无固定大小和偏向。随机误差产生原因不明，因而无法控制和补偿。但是，随机误差服从统计规律，随着实验测量次数的增加，随机误差的算术平均值趋近于零，即平均值接近于真值。

（3）过失误差

过失误差是一种明显不符合实际的误差，主要由于实验人员粗心大意引起，如操作失误或读数错误、记录错误、计算错误等。这类误差应在整理数据时依据常用的准则加以剔除。

上述三种误差之间，系统误差和随机误差间并不存在绝对的界限，同样过失误差有时也难以和随机误差相区别，从而当作随机误差来处理。系统误差和过失误差是可以避免的，而随机误差是不可避免的，因此最好的实验结果应该只含有随机误差。

2.3 精确度、准确度及误差表示方法

在化工原理实验中常用的平均值有下列三种：

（1）算术平均值 $$\delta = \frac{x_1 + x_2 + \cdots + x_n}{n} = \frac{\sum_{i=1}^{n} x_i}{n}$$

（2）几何平均值 $$\bar{x}_{几何} = \sqrt[n]{x_1 x_2 \cdots x_n}$$

（3）均方根平均值 $$\bar{x}_{均} = \sqrt{\frac{x_1^2 + x_2^2 + \cdots + x_n^2}{n}} = \sqrt{\frac{\sum_{i=1}^{n} x_i^2}{n}}$$

平均值并不完全等于真值，只是可靠值，测量值的精密度指单次测量值与可靠值的偏差程度，测量结果的精密度一般常用下面的三种方法表示：

(1)算术平均误差 $$\delta = \frac{\sum_{i=1}^{n} |x_i - \bar{x}|}{n}$$

(2) 相对误差　　$E_r(x) \approx \frac{D(x)}{|\bar{x}|} = \frac{|x-\bar{x}|}{|\bar{x}|}$

(3) 标准误差(均方误差)　　$\delta = \frac{\sum_{i=1}^{n} | x_i - \bar{x} |}{n}$

δ 越小，测量的可靠性就越大，测量的精确度就越高。标准误差对一组测量中的较大误差或较小误差"反应"比较灵敏，因此是表示精确度的较好方法，在近代科学中多采用标准误差。

2.3.1　对可靠程度的估计

实验过程中，对某些物理量的重复测量次数是很有限的，同时各次测量时对实验条件的控制也并非完全相同，所以在实验数据处理中可以采取下述简化方法来估计测定值的可靠程度。

若测量次数 $n>15$，则 x_i 在 $\bar{x}\pm\delta$ 的范围内；测量次数 $n>5$，则 x_i 在 $\bar{x}\pm1.73\delta$ 的范围内。

测量的可靠程度也可由仪器的估量规格估计。如玻璃温度计一般取其最小分度值的 1/10 或 1/5 作为其精确度，1 个刻度(即分度值为 1℃)的温度计的精密度估读到±0.2℃，1/10 刻度的温度计可估读到±0.02℃。因此，为使测量达到足够的精密度，应采取下列步骤：

① 按实验要求确定仪器的规格精度等级；

② 校正试验者和仪器、试剂等引起的系统误差；

③ 缩小测量中的偶然误差，对某物理量应测量多次，求出初步测量的精密度；

④ 进一步校正系统误差。

2.3.2　偶然误差的统计规律

(1) 偶然误差的正态分布

偶然误差是一种无规则变动的微小误差，其绝对值时大时小，但在相同条件下，对同一物理量进行重复测量，则发现偶然误差的大小和符号都受误差分布的概率规律所支配。这种规律称为误差定律。误差出现的概率呈正态分布，根据误差定律，不难看出偶然误差具有下列特点：

① 在一定的测量条件下，偶然误差的绝对值不会超过一定界限；

② 大小相等、符号相反的正负误差的数目近于相等，即概率相等；

③ 小数据的误差比大数据的误差出现的机会多，极大的正误差与极大的负误差的概率均非常小；

④ 以相对精度测量某一物理量时，其偶然误差的算术平均值随着测量次数的无限增加而趋于零。

(2) 可疑测量值的舍弃

在测量过程中，经常会发现个别数据很分散，如果保留它，则平均值很大，初学者倾向于舍弃这些数据，但任意舍弃不合心意的数据是不科学的。只有具有充分理由(如称量时砝码读数有错)时才能舍弃这一数据；如无充分理由，则应根据误差理论决定数据的舍弃。

2.4　测量结果的正确读数和有效数字

在实验过程中，如何正确记录测量数值是很重要的问题。

应该记录几位有效数字的问题完全是由测量数据的精密度决定的。在化工原理实验的数据记录处理过程中希望能注意这一点：所有数据应该能正确反映测量本身的精密度，计算过程中只留应有的精密度，保留过多的位数不仅浪费时间和精力，也易导致计算上的错误及引起对结果的误解。因为物理量的实值不仅反映出量的大小和数据的可靠程度，而且反映了仪器的可靠程度和实验方法的科学性。因此物理量的每一位都是有实际意义的，有效数字的位数就指明了测量的精确度，它包括测量中可靠的几位和最后估计的一位数。

有关有效数字的一些规则，在此只作简单的综述。

① 误差(绝对误差和相对误差)一般只有一位有效数字，最多不超过两位；

② 当有效数字确定后，其余数字一律舍弃，舍弃方法：四舍六入五成双，如 1. 35 小数点后保留一位有效数字应为 1. 4，1. 25 小数点后保留一位有效数字后应为 1. 2；

③ 任何一个物理量的数据，其有效数字的最后一位，在位数上应与误差的最后一位对齐。例如记成 1. 35±0. 01，则意义不清楚；

④ 为了明确地表示有效数字，一般常用指数标记法，这样，不但避免了与有效数字定义发生矛盾，也简化了数值的写法，便于计算；

⑤ 任何一次直接量度都要精确到仪器刻度的最小估读数，即记到第一位可疑数字；

⑥ 加减运算时，将各位实值列齐，对舍弃的可先按四舍六入五成双进位，后进行加减运算；

⑦ 在乘除运算时，所得的积或商的有效数字，应以各数中有效数字位数最少的数为标准；在对数运算中，对数尾部的位数与真数有效数字位数相等或比其多一位，如：lg2. 345 = 0. 3701；

⑧ 若第一位的数值等于或大于 8，则有效数字总数可以多算一位，例如 9. 25 虽然实际上只有三位有效数字，但运算时可以看作 4 位；

⑨ 所有计算中，常数 π、e 的数值及乘以 2、1/2 等的有效数字可以认为是无限的，需要多少就可以取多少。

第 3 章　化工实验参数的测量技术与仪表

流体压力、流量、温度等是化工生产与科学实验中的主要测量参数，是分析生产、科学实验操作过程的重要信息。用来测量这些参数的仪表称为化工测量仪表。因此，必须对测量仪表有一个初步的了解。仪表的选用应符合过程要求和安全的需求，仪表选用和方法设计还要合理，节省投资，能获得准确的测量结果。因此，本章简单介绍流体压力、流量、温度等参数的测量仪表的基本原理、特性及选用原则。

3.1　流体压力的测量

流体压力测量可分成流体静压测量和流体总压测量。压力的表示方法可根据测量压力的基准不同分为两种：以绝对零压为基准称绝对压强，简称为绝压，是流体的真实压强；以大气压为基准可表示为表压强或真空度，如图 3-1 所示。

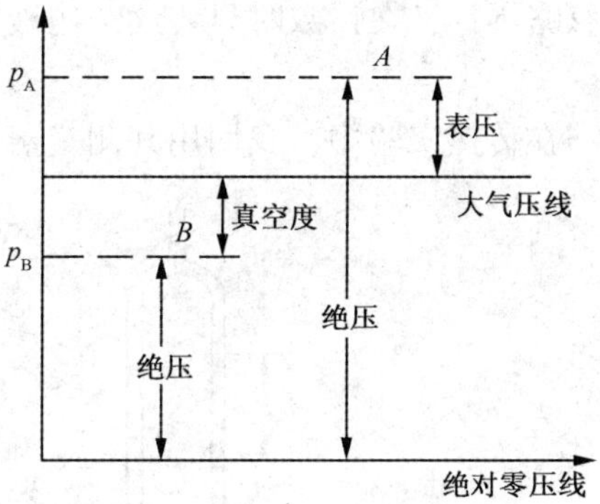

图 3-1　绝压、表压、真空度关系

在化工生产和实验过程中所测压力的范围很广，要求的精度也各不相同，故使用的压力测量仪表的种类也很多。下面简要介绍常用的液柱式压差计、弹簧管压强计和电气式压力计。

3.1.1　液柱式压差计

液柱式压差计是根据流体静力学原理，把被测压差转换成液柱高度。这种压差计结构比较简单，精密度较高。既可用于测量流体的压力，又可用于测量流体的压差。液柱式压差计的基本形式有：U 形管压差计、倒 U 形管压差计、单管式压差计、斜管压差计、U 形管双指示液柱压差计等。但是，这种压差计测量范围小，不耐高温。

(1) U 形管压差计

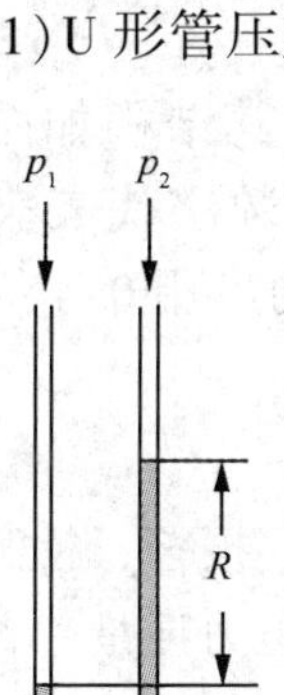

图 3-2　U 形管压差计

这是一种最常见的压差计，它是一根弯制而成的 U 形玻璃管，也可用二支玻璃管做成连通器形式。玻璃管内充入水、水银或其他液体作为指示液。

在使用前指示液液面处于同一水平面，当作用于 U 形管压差计两端的压力不同时，管内一边液柱下降，而另一边则上升，直至达到新平衡状态。这时两个液面存在着一定的高度差 R，如图 3-2 所示。

若被测介质是液体，平衡时压差为：

$$p_1-p_2=(\rho'-\rho)gR \tag{3-1}$$

若被测介质是气体，由于 $\rho'\gg\rho$，压差可表示为：

$$p_1-p_2=\rho' gR \tag{3-2}$$

式中 ρ'——指示液的密度，kg/m^3；

ρ——被测流体的密度，kg/m^3。

（2）倒U形管压差计

倒U形管压差计的优点是玻璃管内不需充入指示液而是以待测流体为指示液。使用前以待测流体赶净测压系统空气，待倒U形管充满待测流体后调节倒U形管上部为空气，这种压差计一般用于测量液体压差较小的场合。如果与倒U形管两端相通的待测流体的压力不同，则在倒U形管的两根支管中待测流体上升的液柱高度也不同，如图3-3所示。

其压差为：

$$p_1-p_2=(\rho-\rho_{空})gR\approx\rho gR \tag{3-3}$$

（3）单管式压差计

单管式压差计是U形管压差计的变形，它用一只杯形容器代替U形管压差计中的一根管子，如图3-4所示。由于杯的截面远大于玻璃管的截面，所以在其两端不同压强作用下，细管一边的液柱从平衡位置升高 h_1，杯形一边下降 h_2。根据等体积的原理，$h_1 \gg h_2$，故 h_2 可忽略不计，在读数时只要读一边液柱高度即可。

$$\Delta p=h_1\rho g \tag{3-4}$$

在传热实验中，我们用其测定蒸气的压力。

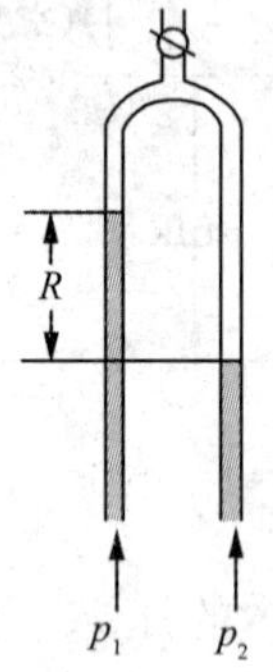

图3-3 倒U形管压差计

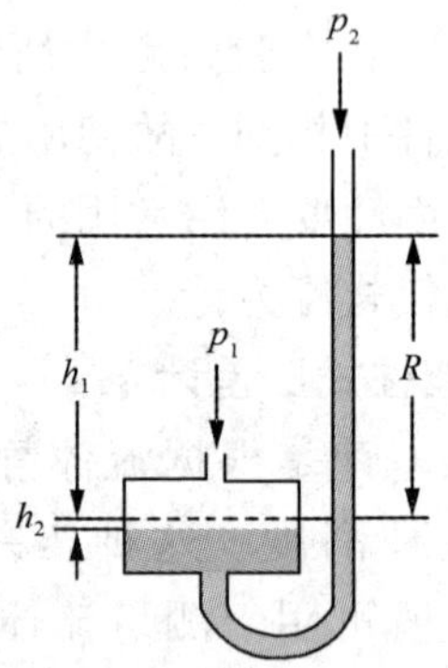

图3-4 单管式压差计

3.1.2 弹簧管压强计

弹簧管压强计是根据弹性元件受压后产生弹性变形的原理制成的，其结构如图3-5所示。这是目前生产及实验室中常用的一种压强计，其表面小圆圈中的数字代表表的精度，数值越小其精度越高，一般常用1.5级或1级，测量精度要求较高的可用0.4级以上的表。

3.1.3 电气式压力计

为了适应现代化工业生产过程对压力测量信号进行远距离传送、显示、报警、检测与自动调节以及便于应用计算机技术等需要，常常采用电气式压力计。电气式压力计是一种将压力值转换成电量的仪表，一般由压力传感器、测量电路和指示、记录装置组成。

压力传感器大多数仍以弹性元件作为感压元件。弹性元件在压力作用下的位移通过电气装置转变为某一电量，再由相应的仪表（称二次仪表）将这一电量测出，并以压力值

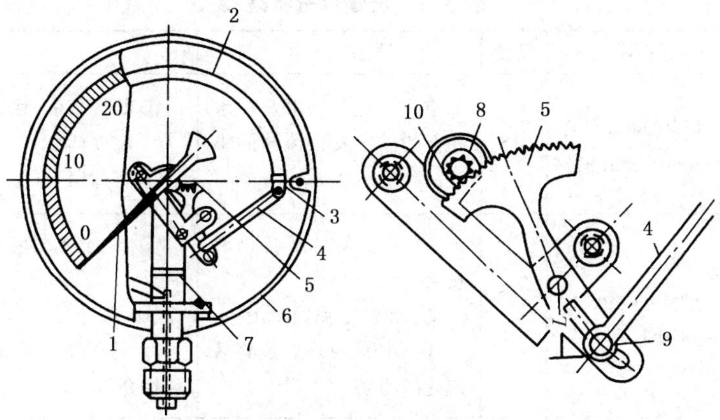

图 3-5　弹簧压强计

1—指针；2—弹簧管；3—接头；4—拉杆；5—扇形齿轮；6—壳体；
7—基座；8—齿轮；9—铰链；10—游丝

表示出来。这类电气式压力计有电阻式、电感式、电容式、霍尔式、应变式和振弦式等。还有一类是利用某些物体的物理性质与压力有关而制成的电气式压力计，如压电晶体、压敏电阻等制成的压力传感器就属于此类压力计，该类压力传感器本身可以产生远传的电信号。

3.1.4　测压点的选择

测压点应选择在受流体流动干扰最小的地方，如在管路上测压，测压点应选在离流体上游的弯头、阀门或其他障碍物 40~50 倍管内径的距离，使紊乱的流线经过该稳定段后在靠近壁面处的流线与管壁面平行，从而避免了动能对测量的影响。若条件所限，可设置整流板或整流管，以消除动能的影响。

3.2　流量的测量

流量是化工生产过程中的重要参数，流动介质的工艺流动、物料和能量衡算等问题与流量密不可分。因此，流量测量和控制在化工生产与实验中是必不可少的。流量是指单位时间内流体流过管截面的量。若流量以体积表示，称为体积流量 V；以质量表示，称为质量流量 w。它们之间的关系为：

$$w=\rho V \tag{3-5}$$

式中　ρ——被测流体的密度，kg/m^3。

被测流体的密度随流体的状态而变。因此，以体积流量描述时，必须同时指明被测流体的压强和温度。

目前工业上的流量测量仪表按作用原理分为：面积式流量计、压差式流量计、流速式流量计和容积式流量计等。这四大类都有相应的仪表产品，它们的流量测量范围、精度等级、适用场合和有关特点见表 3-1。目前实验室所用的流量计主要有：测速管、孔板流量计、文丘里流量计、转子流量计、涡轮流量计、容积式流量计等。

表 3-1 流量计分类表

名称		测量范围	精度	适用场合	特点
面积式	玻璃管转子流量计	16~1×10^6L/h(气) 1.0~4×10^4L/h(液)	2.5	空气、氮气、水及与水相似的其他安全流体的小流量测量	① 结构简单，维修方便； ② 精度低； ③ 不适用于有毒介质及不透明介质
	金属管转子流量计	0.4~3000Nm^3/h(气) 12~1×10^5L/h(液)	1.5 2.5	① 流量大幅度变化的场合； ② 高黏度、腐蚀性流体； ③ 差压式导压管及容易汽化的场合	① 具有玻璃管转子流量计的主要特点； ② 可远传； ③ 具有防腐性，可用于酸、碱、盐等腐蚀介质
	冲塞式流量计	4~60m^3/h	3.5	各种无渣滓、无结焦介质的现场指示、积算	① 结构简单； ② 安装使用方便； ③ 精度低，不能用于脉冲流量测量
压差式	节流装置流量计	60~25000mmH_2O	1	非强腐蚀的单向流体的流量测量，允许有一定的压力损失	① 使用广泛； ② 结构简单； ③ 对标准节流装置不必个别标定即可使用
	匀速管流量计			大口径、大流量的各种气体、液体的流量测量	① 结构简单； ② 安装、拆卸、维修方便； ③ 压损小，能耗少； ④ 输出压差较低
流速式	旋翼式水表	0.045~2800m^3/h	2	主要用于水的测量	① 结构简单，表型小，灵敏度高； ② 安装使用方便
	涡轮流量计	0.04~6000m^3/h(液) 2.5~350m^3/h(气)	0.5~1	用于黏度较小的洁净流体，及宽测量范围内的高精度测量	① 精度较高，适于计量； ② 耐温耐压范围较广； ③ 变送器体积小，维护容易； ④ 轴承易损坏，连续使用周期短
	漩涡流量计	0~3m^3/h(水) 0~30m^3/h(气)	1.5	适用于各种气体和低黏度液体的测量	① 量程变化范围宽； ② 结构简单，维修方便
	电磁流量计	2~5000m^3/h	1	适用于电导率>10^{-4}S/cm的导电液体的流量测量	① 只能测导电液体； ② 测量精度不受介质黏度、密度、温度、电导率变化的影响； ③ 几乎无压损； ④ 不适合测量铁磁性物质
	分流旋翼式蒸汽流量计	0.05~12t/h	2.5	精确计量饱和水蒸气的流量	① 安装方便； ② 直读式，使用方便； ③ 可对饱和水蒸气的流量进行压力校正补偿

续表

名称		测量范围	精度	适用场合	特点
容积式	椭圆齿轮流量计	$0.05 \sim 120m^3/h$	0.2~0.5	适用于高黏度介质流量的测量	① 精度较高； ② 计量稳定； ③ 不适用于含有固体颗粒的流体
	湿式气体流量计	$0.2 \sim 0.5m^3/h$	0.2~0.5	直接用于测量气体流量，也可作为标准计量仪器以标定其他流量计	① 测量气体体积总量，准确度较高； ② 小流量时误差较小； ③ 实验室常用仪表

3.2.1　压差式流量计

压差式流量计是利用流体流经节流装置或匀速管时产生的压力差来实现流量测量的。其中用节流装置和压差计所组成的压差式流量计，是目前工业生产中应用最广的一种流量测量仪表，它使用历史悠久，已积累了丰富的实践经验和完整的实验资料，节流装置的设计计算都有统一的标准规定。

(1) 测速管

测速管又名毕托管，如图 3-6 所示。它由两根弯成直角的同心套管组成，外管的管口是封闭的，在外管前端壁面四周开有若干测压小孔，测量时，测速管可以放在管截面任一位置上，并使管口正对管道中流体的流动方向，外管与内管的末端分别与液柱压差计的两臂相连接。

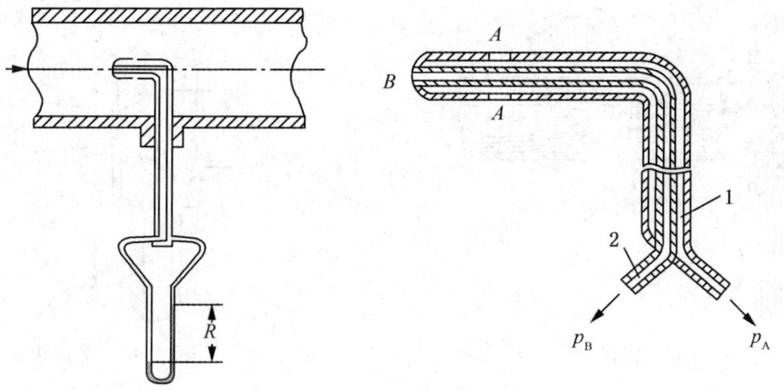

图 3-6　测速管

1—静压力导压管；2—总压力导压管

测速管只能测出流体在管道截面上某一点处的局部流速，要想得到管截面上的平均流速，可将测速管口置于管道的中心位置，测出流体的最大流速 u_{max}，根据最大流速 u_{max} 计算出雷诺数 Re_{max}，然后利用图 3-7，计算出管截面的平均流速 u。

$$u_{max} = \sqrt{\frac{2\Delta p}{\rho}} \tag{3-6}$$

$$Re_{max} = \frac{du_{max}\rho}{\mu} \tag{3-7}$$

测速管的优点是对流体的阻力小，适用于测量大直径管路中的气体流速，但它不能直接测出平均流速。当流体含有固体杂质时，容易堵塞测压孔，因此，气体含有固体杂质时，不

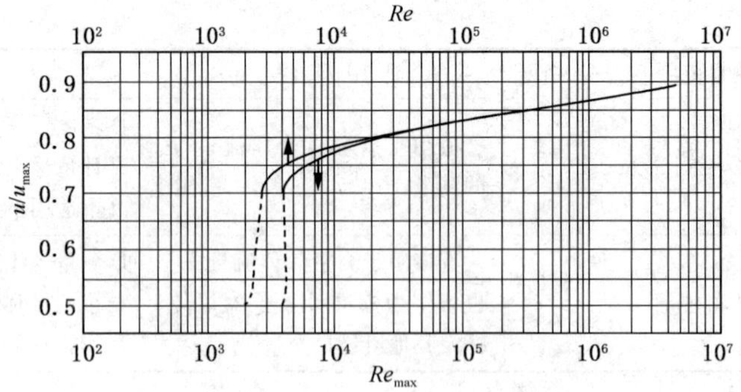

图 3-7 u/u_{max} 与 Re、Re_{max} 的关系

宜采用测速管。

(2) 孔板流量计

孔板流量计是基于流体的动能和静压能相互转化的原理设计的，是以孔板作为节流元件的节流式流量计。如图 3-8 所示，孔板流量计结构简单，成本低，使用方便，可用于高温、高压等场合，但流体流经孔板时能量损耗较大，不能使用于含固体颗粒或带有腐蚀性的介质，否则会造成孔口磨损或腐蚀。

(3) 文丘里流量计

文丘里流量计具有能量损失小的特点，但是文丘里流量计制造复杂，成本比较高。其结构如图 3-9 所示。

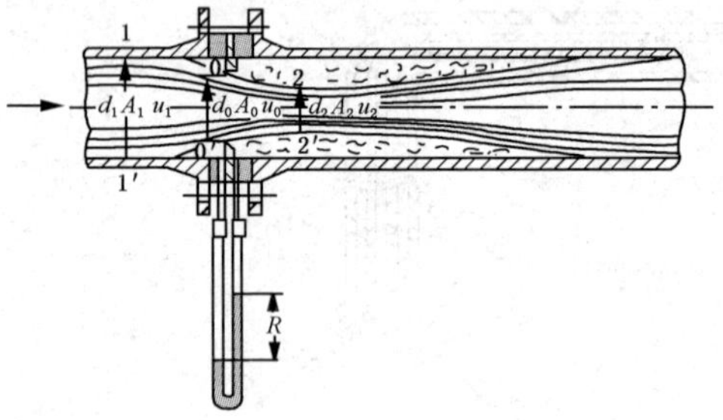

图 3-8 孔板流量计

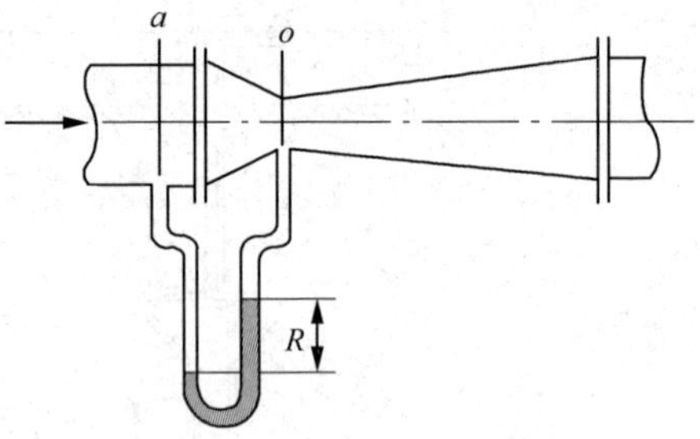

图 3-9 文丘里流量计

孔板流量计和文丘里流量计是利用测量压强差的方法来测量流量的。

$$V = c_0 A_0 \sqrt{\frac{2gR(\rho_A - \rho)}{\rho}} \tag{3-8}$$

式中 V——体积流量，m^3/h；

c_0——孔流系数或流量系数，无因次；

A_0——孔口截面积或喉颈处截面积，m^2；

ρ_A——指示液的密度，kg/m^3；

ρ——流体的密度，kg/m^3；

R——U 形管压差计指示液液面的高度差，m。

3.2.2 面积式流量计——转子流量计

转子流量计又称浮子流量计（图 3-10），由一根呈锥形的玻璃管和转子组成，使用方便，能量损失少，特别适合于小流量的测量，但制造复杂，成本高。转子流量计出厂前在20℃水或20℃常压空气的状态下进行标定，若被测量的流体状态与转子流量计标定状态不一致时，从转子流量计读出的数据，必须按下式进行修正，才能得到测量条件下的实际流量值。

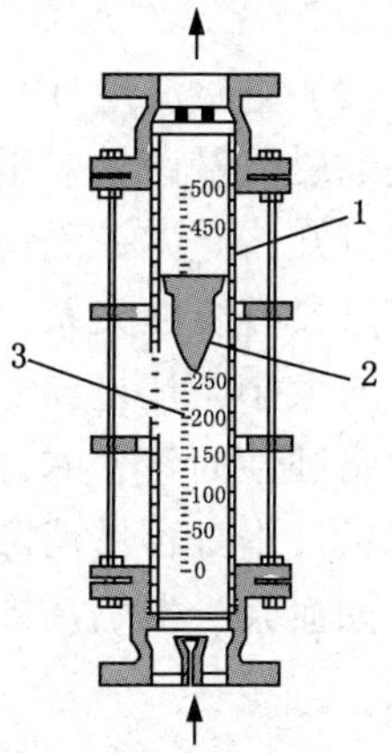

图 3-10　转子流量计

1—锥形玻璃管；2—转子；3—刻度

对于液体：

$$\frac{V_2}{V_1}=\sqrt{\frac{\rho_1(\rho_f-\rho_2)}{\rho_2(\rho_f-\rho_1)}} \quad (3-9)$$

式中　ρ_f——转子材质的密度，kg/m^3；

V_1，V_2——标定时和实际工作时液体的流量，m^3/h；

ρ_1，ρ_2——标定时和实际工作时液体的密度，kg/m^3。

对于气体，由于转子材质的密度比任何气体的密度都大得多，所以

$$\frac{V_{气2}}{V_{气1}}=\sqrt{\frac{\rho_{气1}}{\rho_{气2}}} \quad (3-10)$$

式中　$V_{气1}$，$V_{气2}$——标定时和实际工作时气体的流量，m^3/h；

$\rho_{气1}$，$\rho_{气2}$——标定时和实际工作时气体的密度，kg/m^3。

3.2.3　流速式流量计

(1) 涡轮流量计

涡轮流量计是速度式流量计，它由涡轮流量变送器(如图 3-11 所示)和显示仪表组成。涡轮流量计的涡轮叶片因受流体的冲击而发生旋转，转速与流体流速成正比。通过磁电感应转换器将涡轮的转速换成相应的脉冲信号，通过测量脉冲频率，或用适当的装置，将电脉冲信号转换成电压或电流输出。

涡轮流量计的优点：

① 测量精度较高，可达精度 0.5 级以上；

② 对被测信号的变化反应快；

③ 耐压高，最高可达 50MPa；

④ 体积小及输出信号可远距离传送等。

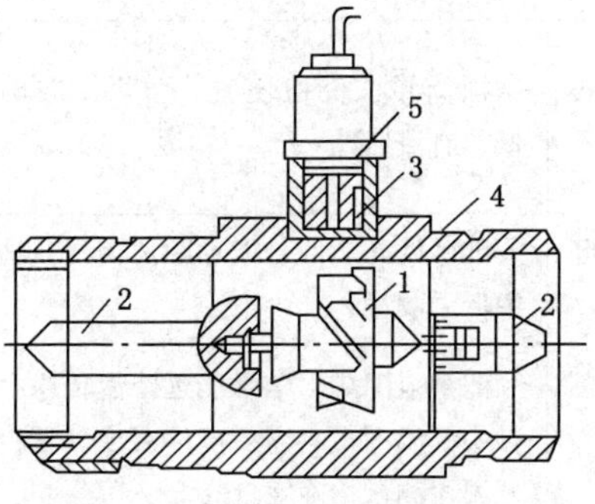

图 3-11　涡轮流量变送器

1—涡轮；2—导流器；3—磁电感应转换器；4—外壳；5—前置放大器

每台涡轮流量计对应一个固定的仪表常数 K 值，为每升流体通过时输出的电脉冲数(1/L)。它等于脉冲频率 f(1/s)与体积流量 V_s(L/s)之比，即

$$K=\frac{f}{V_s} \quad (3-11)$$

故

$$V_s=\frac{f}{K} \quad (3-12)$$

为了提高测量精度，防止杂质进入仪表，导致转动部分被卡住和磨损，在仪表的上游管线上要安装过

滤器。

(2) 电磁流量计

电磁流量计是应用导电流体在磁场中运动产生感应电势的原理的一种仪表，由电磁感应定律可知，导体在磁场中运动而切割磁力线，在导体中便会有感应电势产生，感应电势与体积流量具有线性关系，因此在管道两侧各插入一根电极，便可以引出感应电势，由仪表指示流量的大小，凡是导电液体均可用电磁流量计进行计量，它的应用范围较广，能够用来测量各种腐蚀性的酸、碱、盐溶液以及含有固体颗粒，如泥浆或纤维的导电液体的流量。由于电磁流量计本身容易消毒，它又可用于有特殊卫生要求的医药工业和食品工业等方面的流量测量，如血浆、牛奶、果汁、酒类等。此外，它也可用于自来水和污水的大型管道的流量测量。

3.3 温度的测量

温度是表征物体冷热程度的物理量，是实验中的重要参数之一。化工原理实验中流体的物性，如密度、黏度、比热容等，通常是通过测量流体的温度来确定的。温度不能直接测量，只能借助于冷热不同物体的热交换以及随冷热程度变化的某些物理特性进行间接测量。

3.3.1 温度测量的方法

按测温的原理，温度的测量方法可分为两大类：接触式和非接触式。接触式测温的仪表是利用感温元件与被测介质直接接触后，在足够长的时间达到热平衡，两个互为热平衡的物体温度相等，以此来实现对物体温度的测量。非接触式是利用热辐射原理，测量仪表的敏感元件，不需与被测物体接触，它常用于测量运动流体和热容量小或温度非常高的场合。其中接触式可分为膨胀式、压力式、热电阻式、热电耦式等；非接触式主要有光学式、比色式、红外式等，见表3-2。

表3-2 温度计分类、工作原理及特点

<table>
<tr><th colspan="3">温度计的分类</th><th>工作原理</th><th>特点</th></tr>
<tr><td rowspan="8">接触式测量仪表</td><td rowspan="2">膨胀式</td><td>液体膨胀</td><td rowspan="2">利用液、固体受热时产生膨胀的性质</td><td rowspan="2">结构简单，价格便宜，一般用于就地测量</td></tr>
<tr><td>固体膨胀</td></tr>
<tr><td rowspan="3">压力式</td><td>气压式</td><td rowspan="3">利用封闭在固定容积的气液物质受热时体积变化的性质</td><td rowspan="3">结构简单，价格便宜，防爆，准确度低，有滞后性</td></tr>
<tr><td>液压式</td></tr>
<tr><td>蒸气式</td></tr>
<tr><td rowspan="2">热电阻式</td><td>金属电阻</td><td rowspan="2">利用导体或半导体受热其电阻的变化性质</td><td rowspan="2">准确度高，信号能远距离传送，适合中低温测量</td></tr>
<tr><td>半导体电阻</td></tr>
<tr><td colspan="2">热电耦式</td><td>利用物体的热电性质</td><td>测量范围广，信号能远距离传送，适合中高温测量，需要冷端温度补偿，在低温段测量精确度较低</td></tr>
<tr><td rowspan="3">非接触式测量仪表</td><td colspan="2">光学式</td><td rowspan="3">利用物体辐射性能随温度变化的性质</td><td rowspan="3">适用于不能直接测量的场合，测量范围广，多用于高温测量，测量准确度受环境影响，需对测量值修正以减少误差</td></tr>
<tr><td colspan="2">比色式</td></tr>
<tr><td colspan="2">红外式</td></tr>
</table>

3.3.2　常用测温仪表

实验室常用的测温仪表有接触式的玻璃液体温度计、压力式温度计、热电阻温度计、热电偶温度计等。

(1) 玻璃液体温度计

玻璃液体温度计是借助于液体受热膨胀的原理制成的温度计。它是化工生产和实验中最常见的一类温度计，如水银温度计、有机液体温度计等。这种温度计一般是棒状的，也有内标尺式的，比较简便，价格低廉，在生产和实验中使用广泛。有机液体(如乙醇、煤油、苯等)温度计着色后读数明显，但膨胀系数随温度而变化，故刻度不均匀，读数误差比较大。玻璃液体温度计一般易损坏，且不可修复。

(2) 压力式温度计

利用液体或气体的压力或体积随温度变化的特性制成的接触式温度传感器。它是常用的直读式测温仪表，从原理上说，玻璃液体温度计(包括最常用的水银温度计)也属于这类测量仪表。一种灵敏度更高的压力式温度计由温包、毛细管、弹簧管(波登管)、连动机构和指针构成(图 3-12)。温包接触被测对象，进行热交换达到平衡。充灌于密闭的温包、毛细管和弹簧管内的工作物质的压力(或体积)随温度而变化。压力的变化使弹簧管的曲率发生变化，并使自由端产生位移，通过连杆和传动机构带动指针直接在刻度盘上指示温度的变化值。

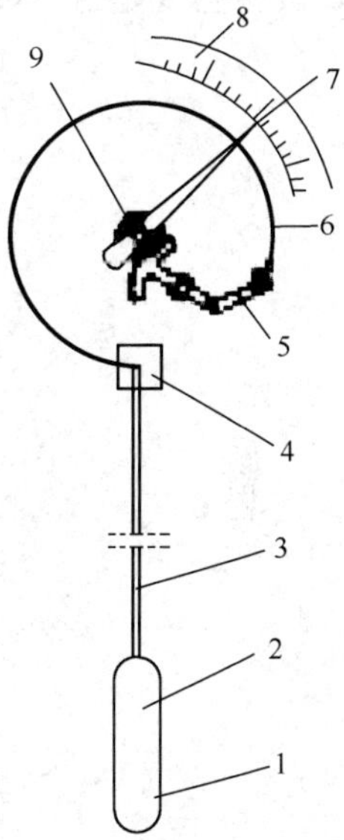

图 3-12　压力式温度计

1—温包；2—工作物质；3—毛细管；4—接头；5—连杆；6—波登管；7—指针；8—刻度盘；9—传动机构

(3)热电阻温度计

热电阻温度计由热电阻感温元件和显示仪表组成，是利用导体或半导体的电阻值随温度变化而改变的特性，通过测量其电阻值而得出被测介质的温度。它具有测量精度高、性能稳定、灵敏度高、信息可以远距离传送和记录等特点，被广泛使用。

(4)热电偶温度计

两种不同成分的导体(称为热电偶丝材或热电极)两端接合成回路，当接合点的温度不同时，在回路中就会产生电动势，这种现象称为热电效应，而这种电动势称为热电势。热电偶就是利用这种原理进行温度测量的(图 3-13)，其中，直接用来测量介质温度的一端叫作工作端(也称为测量端、热端)，另一端叫作冷端(也称为参考端)；冷端与显示仪表或配套仪表连接，显示仪表会指出热电偶所产生的热电势，以此特性进行温度测量。可以直接测量各种生产过程中的-80～+500℃范围内液体、蒸气和气体介质以及固体表面的温度。常用于测量各种温度的物体，测量范围极大，远远大于酒精、水银温度计，可测量炼钢炉、炼焦炉等高温物体，也可测量液态氢、液态氮等低温物体。

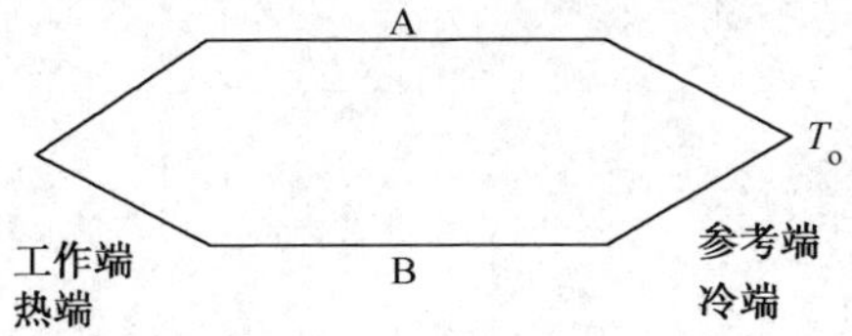

图 3-13　热电偶温度计

测量固体表面温度，应用较多的是热电偶，其次是热电阻，这主要是因为热电偶具有较宽的测温范围。较小的测量端，能够测“点”的温度并且还具有较高的测温准度。在传热实验中，一个接点温度是冰水混合物，另一个接点温度是要测定的筒壁表面温度，两者将产生电势差，将显示的电势差读数代入特性方程，即可得到要测定壁面的温度。

3.3.3 温度仪表的选用

在选用温度计之前，要根据如下情况选择合适的温度计。

① 测量的目的、测温的范围及精度要求；

② 测量的对象：是液体还是固体；是平均温度还是某点的温度(或温度分布)；是固体表面还是颗粒层中的温度；被测介质的物理性质和环境状况等；

③ 被测温度是否需要远传、记录。

第 4 章 实验数据的处理方法

实验数据处理是整个实验过程中的一个重要环节，是将实验中获得的大量数据整理成各变量之间的定量关系，通过正确分析和处理，从中获取有价值的信息与规律。实验数据各变量关系的表示方法通常有列表法、图示法和数学模型法。

列表法：将实验数据按自变量与因变量的关系以一定的顺序列成数据表。

图示法：将实验数据绘制成曲线，直观地反映出变量之间的关系。经常在报告与论文中使用，而且为整理成数学模型(方程式)提供了必要的函数形式。

数学模型法：借助数学方法将实验数据按一定函数形式整理成方程。

4.1 实验数据列表法

将实验数据列成表格显示出各变量之间的对应关系及变量之间的变化规律，它是标绘曲线图或整理成数学方程式的基础。

4.1.1 设计实验数据记录表

根据具体记录内容预先设计好实验数据记录表，以便清楚及时地记录所测的实验数据。实验数据表一般分为实验测定数据(原始记录数据)栏、中间计算数据(间接数据)栏及实验结果栏。计算数据及实验结果，只表达主要物理量(参变量)的计算数据和实验最终结果。

4.1.2 拟定实验数据表格内容

① 为便于引用，表头的上方写明表号和表名；

② 应在名称栏中标明物理量名称、符号和单位；

③ 记录的位数，应限于有效数字；

④ 记录较大或较小的数据时，应采用科学记数法来表示，即在名称栏中采用适当的倍数，在数据栏中记录较为简便；

例如：$Re=25000=2.5\times10^4$

名称栏中记为 $Re\times10^{-4}$，数据栏中可记为 2.5。

⑤ 由左至右，按实验测定数据(原始数据)、中间计算数据(间接数据)及实验结果等次序排列(也可以分开拟定表格记录)，这样便于记录及计算整理数据。

4.2 实验数据图示法

图示法是以曲线或直线的形式简明地表达实验结果的常用方法，它的优点是能直观清晰地显示变量间存在的极值点、转折点、周期性及变化趋势，尤其在数学模型不明或解析计算有困难的情况下，图示法是数据处理的有效方法。

图示法的关键在于坐标的合理选择，包括坐标分度的确定。坐标选择不恰当，会导致错误的结论。

4.2.1 坐标纸的选择

化工常用的坐标系有直角坐标、半对数坐标、双对数坐标。

（1）对数坐标的特点

对数坐标的特点是：某点与原点的距离为该点表示量的对数值，但是该点标出的量是其本身的数值，例如对数坐标上标着 5 的一点至原点的距离是 lg5＝0.70，如图 4-1 所示。

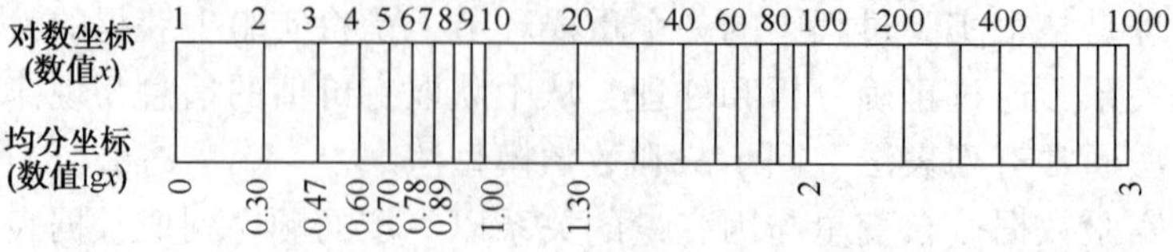

图 4-1 对数坐标的特点

图中上面一条线为 x 的对数刻度，而下面一条线为 lg$x$ 的线性(均匀)刻度。对数坐标上 1，10，100，1000 之间的实际距离是相同的，因为上述各数相应的对数值为 0，1，2，3，这在线性(均匀)坐标上的距离相同。

（2）单对数坐标系

如图 4-2a 所示，图中纵坐标(y 轴)是分度均匀的普通坐标轴，横坐标(x 轴)是分度不均匀的对数坐标轴。在此轴上，某点与原点的实际距离为该点对应数的对数值，但是在该点标出的值是真数。

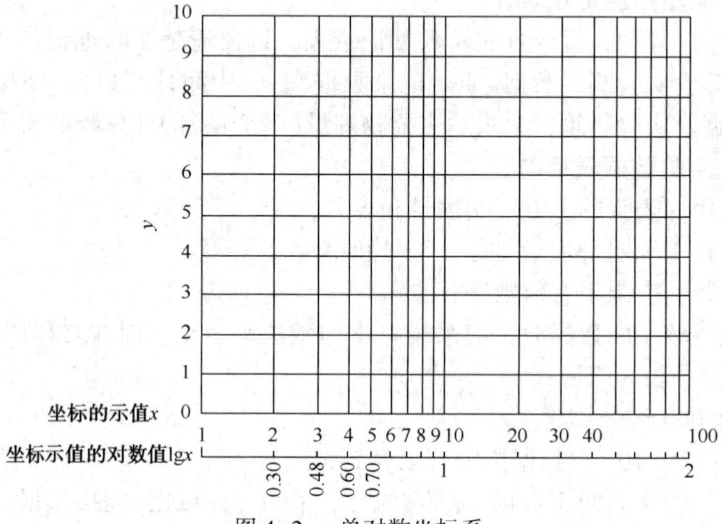

图 4-2a 单对数坐标系

（3）双对数坐标系

两个轴(x 和 y)都是对数分度的坐标轴，即每个轴的标度都是按上面所述的原则做成的，如图 4-2b。

一般选择坐标纸的原则是尽可能使函数的图形线性化。

① 符合线性函数方程 $y=ax+b$ 的数据，选用直角坐标图纸，可画出一条直线；

② 符合指数函数方程 $y=b^{ax}$ 的数据，经两边取对数可变为 $\lg y=ax\lg b$，选双对数坐标纸，可画出一条直线；

③ 符合幂函数方程 $y=ax^b$ 的数据，经两边取对数可变为 $\lg y=\lg a+b\lg x$，选双对数坐标

纸，可画出一条直线。

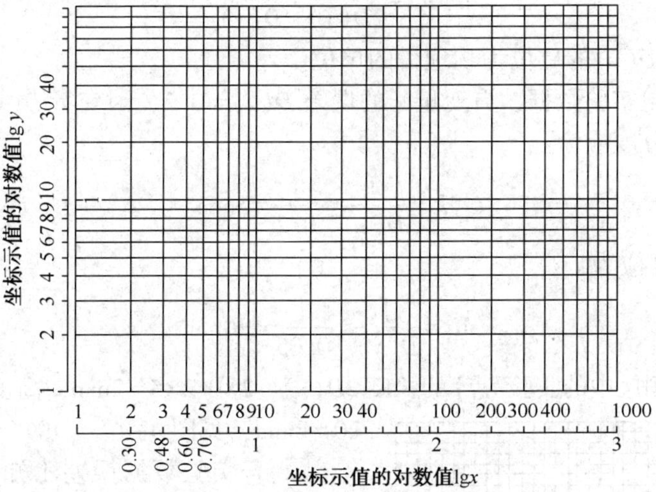

图 4-2b　双对数坐标的标度法

4.2.2　坐标分度选择(坐标比例尺的选择)

坐标分度是指每条坐标所代表的数值的大小，即坐标比例尺。对于同一套数据，以不同的比例尺绘制，会得到不同形状的曲线。如果比例选择不恰当，不仅会使图形失真，而且还有可能得出错误的结论。

例如，已知一组实验数据：

自变量 x	1.0	2.0	3.0	4.0	5.0	6.0
因变量 y	8.00	8.10	8.20	8.30	8.10	8.00

若用大、小不同的坐标比例尺，则分别标绘出图 4-3(a)、图 4-3(b)，其曲线图形完全不同，如果只看曲线的变化趋势，可能得出两种不同的结论。因此，应正确选择坐标分度。

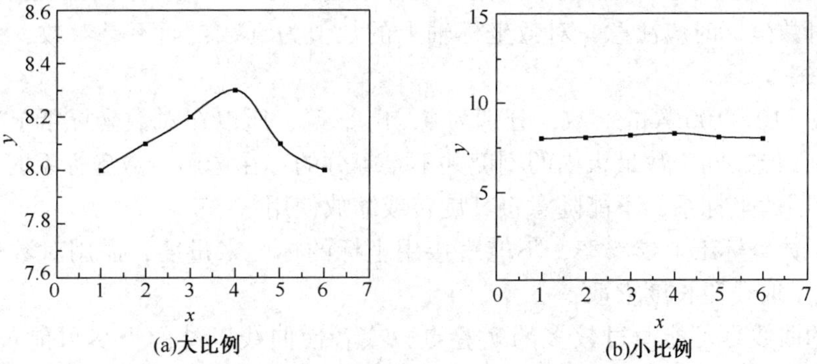

图 4-3　不同的坐标比例尺标绘的曲线

坐标分度正确的选择方法：

① 在已知 x 和 y 的实验数据误差分别为 $D(x)$ 和 $D(y)$ 的条件下，比例尺的取法：通常使 $2D(x)$ 和 $2D(y)$ 构成的矩形近似为正方形，并使 $2D(x)=2D(y)=2\text{mm}$。根据该原则即可求得坐标比例常数 M。

x 轴比例常数：

$$M_x=\frac{2}{2D(x)}=\frac{1}{D(x)}$$

y 轴比例常数：
$$M_y=\frac{2}{2D(y)}=\frac{1}{D(y)}$$

式中，$D(x)$、$D(y)$ 的单位为物理量的单位。

例如，上列一组实验数据，自变量 x 的误差 $D(x)=0.2$，因变量 $D(y)=0.05$，则 x 轴的坐标分度应为：

$$M_x=\frac{1}{D(x)}=\frac{1}{0.2}=5\text{mm}$$

y 轴的坐标分度应为：

$$M_y=\frac{1}{D(y)}=\frac{1}{0.05}=20\text{mm}$$

于是在这个比例尺中的实验"点"的长度 $2D(x)=2\times0.2\times5=2\text{mm}$，高度 $2D(y)=2\times0.05\times20=2\text{mm}$，见图 4-4。

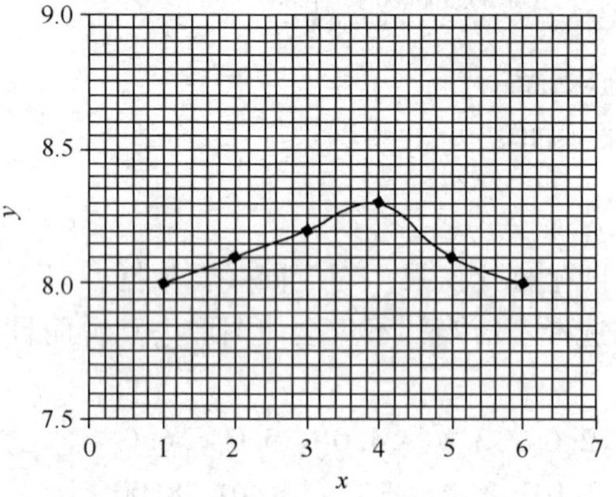

图 4-4　正确比例尺标绘的曲线

② 若实验数据误差不知道时，坐标轴的分度应与实验数据的有效数字位数相匹配，即实验曲线的坐标读数的有效数字位数与实验数据的位数相同。

4.2.3　作图注意事项

① 横坐标 x 轴，纵坐标 y 轴要标明变量名称、符号和单位；

② 选择坐标读数的有效数字位数应与实验数据的有效数字位数相同并方便读取；

③ 坐标刻度不一定从零开始，应避免图形偏于一侧，即图形应在坐标纸上居中；同一坐标纸上，可以有几种不同单位的纵轴分度；

④ 使用对数坐标时应注意，对数坐标轴上的数值为真数，而不是对数，坐标轴的起点为 1，而不是 0；

⑤ 由于 1、10、100 等的对数，分别为 0、1、2 等，所以在对数坐标纸上每一数量级的距离是相等的，但在同一数量级内的刻度并不是等分的；在选用对数坐标系时，应严格遵循对数坐标纸标明的坐标系，不能随意将其旋转或缩放使用；

⑥ 在双对数坐标纸上求斜率，不能直接用坐标的标度来量度，需用对数值来计算，或用尺在坐标纸量取线段长度求取；

⑦ 所画的曲线尽可能通过较多的实验点，或者使曲线以外的点尽可能位于曲线附近，并使曲线两侧的点数大致相等，描绘的曲线要光滑；

⑧ 图必须有图号和图题(图名)，以便于引用，必要时还应有图注；

⑨ 若在同一张坐标纸上，同时标绘几组测量值或计算数据，应选用不同符号区分曲线(如 * 、·、×、○等)。

4.3　数学模型法

在化工实验数据处理中，除了用表格和图形描述变量之间的关系外，常常需要将实验数据或计算结果用数学方程或经验公式的形式表示出来，我们称之为数学模型法。

无论是经验模型还是理论模型，都包含一个或几个待求参数，采用合适的数学方法，对模型参数估值并验证其可靠程度，是数据处理的重要内容。通过观测数据作曲线方程称为曲线拟合，用观测数据计算已知模型的参数称为模型参数估值。模型参数的估值在数学上是一个优化问题，对于线性代数方程，可用线性回归求模型参数；对于非线性代数方程，常用的方法有高斯-牛顿法、马夸特算法、单纯形法等；对于微分方程，常用解析法和数值积分法或数值微分法。

由于在化工原理实验过程中，变量之间的关系基本上是线性关系，或者通过曲线化直方法转化为线性关系，因此，下面简单介绍一下最常用的图解法和最小二乘法。

4.3.1 直线图解法

图解法仅限于具有线性关系或非线性关系式通过转换成线性关系的函数式常数的求解。首先选定坐标系，将实验数据在图上标绘成直线，求解直线斜率和截距，而确定线性方程的各常数。

(1) 幂函数的线性图解

若选定经验公式为幂函数的线性方程式 $y=ax^b$ 时，将实验数据(x_i, y_i)在双对数坐标纸上标绘可得出一条直线，依据直线可求出方程中的斜率 b 和截距 a。

① 斜率 b 的确定方法。

在双对数坐标上的直线斜率不能直接用坐标标度来度量，因为，在对数坐标上的数值是真数而不是对数，即：

$$b \neq \frac{y_2-y_1}{x_2-x_1} \tag{4-1}$$

因此用对数值或测量法来求算斜率 b 时，其方法如下：

(a)对数值求算法。在标绘的直线上，取相距较远的任意两点，读取两点(x_1, y_1)、(x_2, y_2)值后，按式(4-2)计算直线斜率 b。

$$b=\frac{\lg y_2-\lg y_1}{\lg x_2-\lg x_1} \tag{4-2}$$

(b)测量值求算法。当两坐标轴比例尺相同时，在标绘的直线上，取距离较远的任意两点，用尺测量出两点之间的水平距离及垂直距离的数值，按式(4-3)计算，见图4-5。

$$b=\frac{L_y}{L_x} \tag{4-3}$$

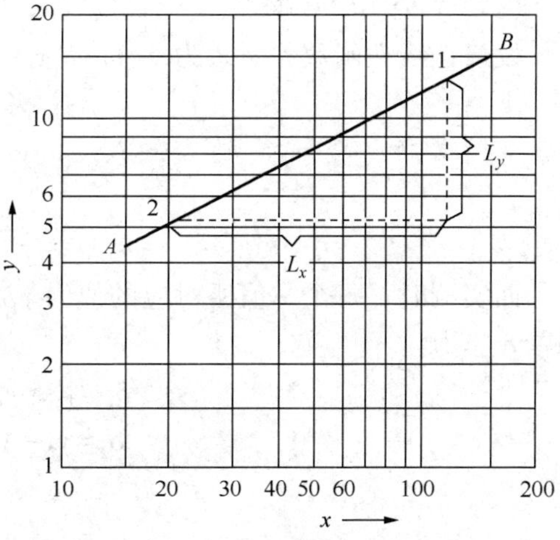

图4-5 对数坐标上直线斜率与截距的图解

② 截距 a 的确定方法。

在双对数坐标上，直线与 $x=1$ 的纵轴相交处的 y 值，即为原方程 $y=ax^b$ 中的 a 值。若所在双对数坐标上标绘的直线不能与 $x=1$ 处的纵轴相交，则将直线延伸至与 $x=1$ 的纵轴相交，读取相交处 $x=1$ 时的 y 值，或在求出斜率 b 值之后，按式(4-4)计算 a 值。

$$a=y/x^b \tag{4-4}$$

(2) 指数或对数函数的线性图解

若选定经验公式为指数函数($y=ae^{kx}$)或对数函数($y=a+b\lg x$)时，将实验数据(x_i，y_i)在半对数坐标纸上标绘，得出一条直线。

① 系数 k 或 b 的求法。

在直线上取相距较远的任意两点，根据两点的坐标(x_1，y_1)、(x_2，y_2)来求直线的斜率 b。

对于 $y=ae^{kx}$，纵轴 y 为对数坐标：

$$b=\frac{\lg y_2-\lg y_1}{x_2-x_1} \tag{4-5}$$

$$k=\frac{b}{\lg e} \tag{4-6}$$

对于 $y=a+b\lg x$，横轴 x 为对数坐标：

$$b=\frac{y_2-y_1}{\lg x_2-\lg x_1} \tag{4-7}$$

② 系数 a 的求法。

系数 a 的求法与幂函数中的方法基本相同，可用直线上任意一点处的坐标(x_1，y_1)和已经求出的系数 k 或 b，代入函数关系式后求解，即

由 $y_1=ae^{kx_1}$，得 $$a=\frac{y_1}{e^{kx_1}} \tag{4-8}$$

由 $y_1=a+b\lg x_1$，得 $$a=y_1-b\lg x_1 \tag{4-9}$$

4.3.2 最小二乘法(线性回归法)

在图解时，坐标纸上标点会有误差，而根据点的分布确定直线位置时，具有人为性，因此用图解法确定直线斜率及截距常常不够准确。较准确的方法是最小二乘法，它的原理是：最佳的直线就是能使各数据点同回归线方程求出值的偏差的平方和为最小，也就是落在该直线一定范围的数据点，其概率为最大。

已知 N 个实验数据点(x_1　y_1)，(x_2　y_2)，…，(x_N　y_N)。

设最佳线性函数关系式为 $y=b_0+b_1x$。则根据此式 N 组 x 值可计算出各组对应的 y' 值：

$$y'_1=b_0+b_1x_1$$
$$y'_2=b_0+b_1x_2$$
$$\cdots\cdots$$
$$y'_N=b_0+b_1x_N$$

而实测时，每个 x 值所对应的值为 y_1，y_2，…，y_N，所以每组实验值与对应计算值 y' 的偏差 δ 应为：

$$\delta_1=y_1-y'_1=y_1-(b_0+b_1x_1)$$
$$\delta_2=y_2-y'_2=y_2-(b_0+b_1x_2)$$
$$\cdots\cdots$$
$$\delta_N=y_N-y'_N=y_N-(b_0+b_1x_N)$$

按照最小二乘法的原理，测量值与真值之间的偏差平方和最小。

$\sum_{i=1}^{n}\delta_i^2$ 最小的必要条件为：

$$\begin{cases}\dfrac{\partial\left(\sum\delta_i^2\right)}{\partial b_0}=0\\[2ex]\dfrac{\partial\left(\sum\delta_i^2\right)}{\partial b_1}=0\end{cases}\tag{4-10}$$

联立解得：

$$\begin{cases}b_0=\dfrac{\sum x_iy_i\cdot\sum x_i-\sum y_i\cdot\sum x_i{}^2}{\left(\sum x_i\right)^2-N\sum x_i^2}\\[2ex]b_1=\dfrac{\sum x_i\cdot\sum y_i-N\sum x_iy_i}{\left(\sum x_i\right)^2-N\sum x_i^2}\end{cases}\tag{4-11}$$

由此求得的截距为 b_0、斜率为 b_1 的直线方程，就是关联各实验点最佳的直线。

在解决如何回归直线以后，还存在检验回归直线有无意义的问题，我们引进一个相关系数(r)统计计量，用来判断两个变量之间的线性相关的程度。

4.4　用计算机软件 Excel 处理化工原理实验数据

4.4.1　流体流动阻力实验

(1) 原始数据

实验原始数据如图 4-6 所示。

	A	B	C	D	E	F
1	流体阻力实验数据记录（第一套直管内径8.2mm，管长1.6m）					
2	（液体温度20℃，液体密度ρ=998.2kg/m³,液体黏度μ=1.005mPa·s）					
3	压差读数初始值0kPa					
4			△P	流速u		
5	序号	流量(l/h)	(Pa)	(m/s)	Re	λ
6	1	1000	83600	5.26	42861	0.03100
7	2	900	66700	4.74	38575	0.03053
8	3	800	52800	4.21	34289	0.03059
9	4	700	40700	3.68	30003	0.03080
10	5	600	31000	3.16	25717	0.03193
11	6	500	21800	2.63	21431	0.03233
12	7	400	14400	2.11	17145	0.03337
13	8	300	8500	1.58	12858	0.03502
14	9	220	4200	1.16	9429	0.03217
15	10	180	3665	0.95	7715	0.04194
16	11	140	2400	0.74	6001	0.04540
17	12	100	1284	0.53	4286	0.04761
18	13	90	1274	0.47	3858	0.05832
19	14	80	900	0.42	3429	0.05214
20	15	70	696	0.37	3000	0.05266
21	16	60	519	0.32	2572	0.05345
22	17	50	343	0.26	2143	0.05087

图 4-6　实验原始数据

(2) 数据处理

① 物性数据。查附录二得 20℃下水的密度与黏度分别为 998.2kg/m³ 和 1.005mPa · s；

② 实验结果的图形表示——绘制 λ-*Re* 双对数坐标图。

(a) 打开图表向导。选定 E6：F22 单元格区域，点击工具栏上的“图表向导”(图 4-7)，得到“图表向导-4 步骤之 1-图表类型”对话框(图 4-8)。

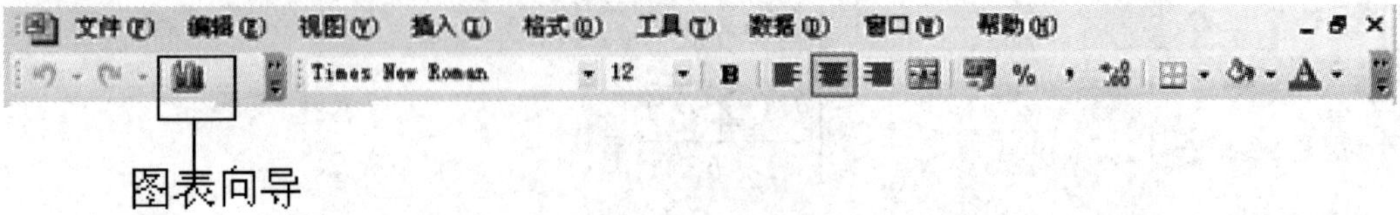

图 4-7

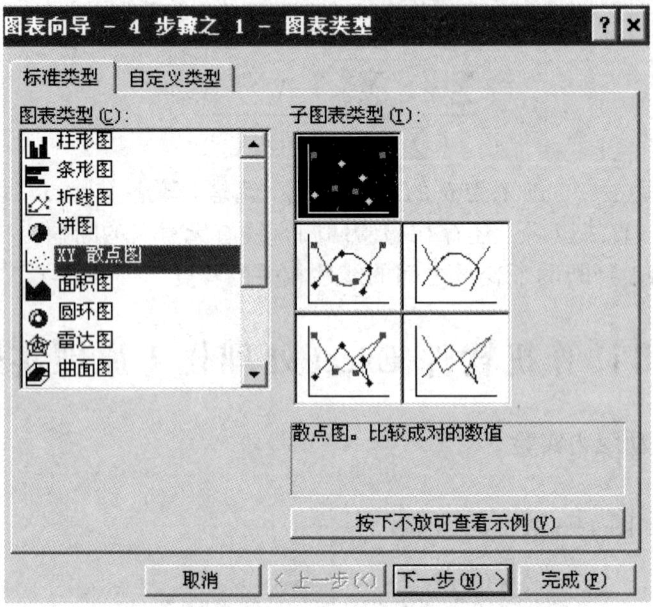

图 4-8

(b) 创建 λ-*Re* 图。

◆ 点击“下一步”，得到“图表向导-4 步骤之 2-图表源数据”对话框，若系列产生在“行”改为系列产生在“列”。

◆ 点击“下一步”，得到“图表向导-4 步骤之 3-图表选项”对话框(图 4-9)，在数值(*X*)轴下输入“Re”，在数值(*Y*)轴下输入“λ”。并在网格线选项(图 4-10)，选择主要网格线和次要网格线。

◆ 点击“下一步”，得到“图表向导-4 步骤之 4-图表位置”对话框，点击“完成”，得到直角坐标下的“λ-*Re*”图(图 4-11)。

(c) 修饰 λ-*Re* 图。

◆ 将 *X*，*Y* 轴的刻度由直角坐标改为对数坐标。选定 *X* 轴，点右键，选择坐标轴格式得到“坐标轴格式”对话框(图 4-12)，根据 *Re* 的数值范围改变“最小值”“最大值”，并将“主要刻度单位”改为“10”，选中“对数刻度”，从而将 *X* 轴的刻度由直角坐标改为对数坐标。同理将 *Y* 轴的刻度由直角坐标改为对数坐标(图 4-13)，改变坐标轴后得到结果图。

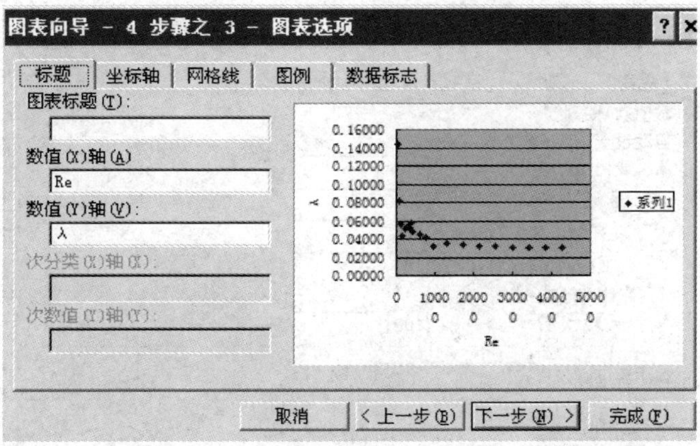

图 4-9

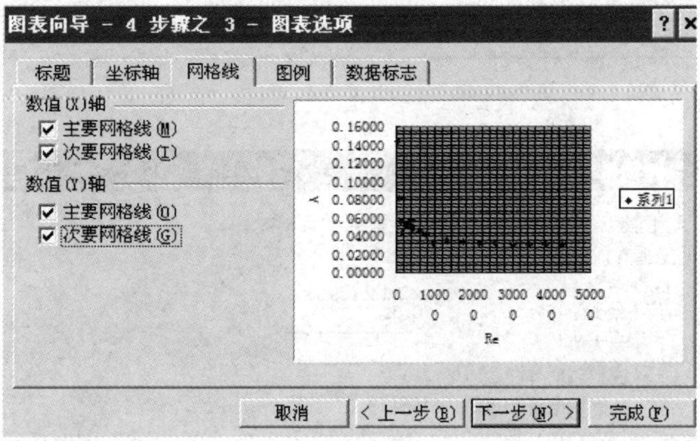

图 4-10

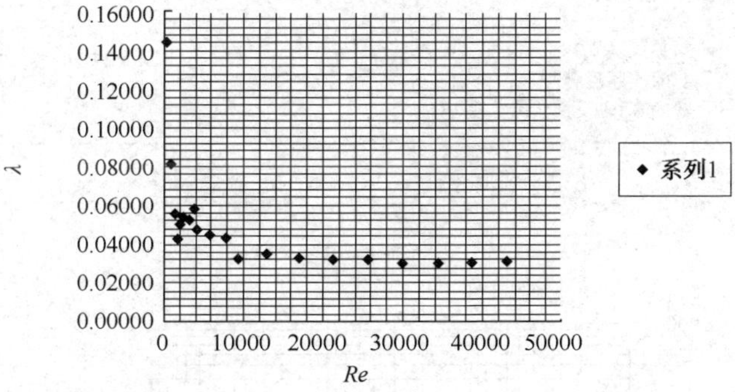

图 4-11

◆ 用绘图工具绘制曲线，打开“绘图工具栏”(方法：点击菜单上的“视图”→选择“工具栏”→选择“绘图”命令)，单击“自选图形”→指向“线条”→再单击“曲线”命令，绘制曲线(方法：单击要开始绘制曲线的位置，再继续移动鼠标，然后单击要添加曲线的任意位置。若要结束绘制曲线，随时双击鼠标)，得到最终结果图(图 4-14)。

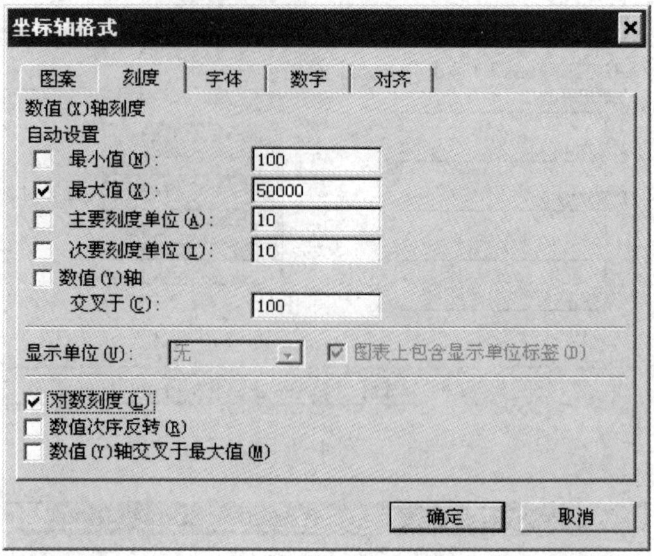

图 4-12

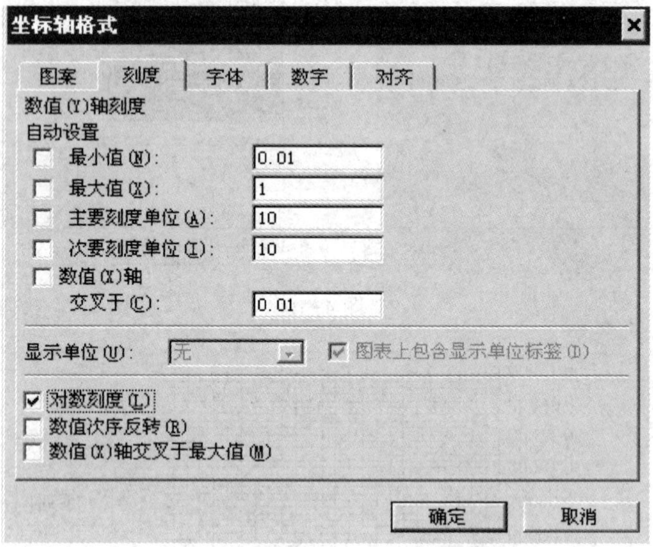

图 4-13

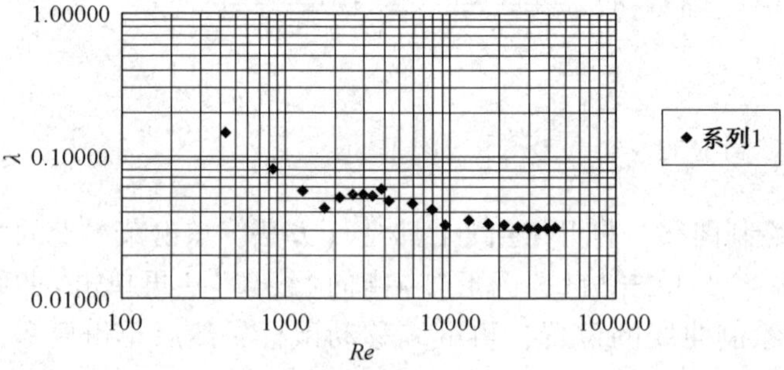

图 4-14

4.4.2 离心泵特性曲线测定实验

(1) 原始数据

实验计算数据如图 4-15 所示。

流量Q (m^3/h)	压头h (m)	泵轴功率N (w)	η (%)
8.73	9.9	420	55.9
8.45	10.5	420	57.4
8.13	12.4	414	66.4
7.80	12.5	408	65.2
7.29	13.9	408	67.4
6.92	15.1	402	70.9
6.50	16.0	390	72.3
5.99	16.5	384	70.1
5.30	17.4	366	68.6
4.88	17.8	348	68.0
4.04	18.7	324	63.3
3.34	19.4	300	58.7
2.32	20.2	264	48.3
0.00	22.1	216	0.0

图 4-15

(2) 实验数据的图形表示

① 创建泵特性曲线。选择数据项单元格区域，按图表向导作图。

② 修饰泵特性曲线。

(a) 将轴功率置于主坐标轴。选定系列(轴功率-流量关系曲线)，单击鼠标右键，选择“设置数据系列格式”，得到“数据系列格式”对话框，打开“坐标轴”选项，选择“主坐标轴”，得到图 4-16。

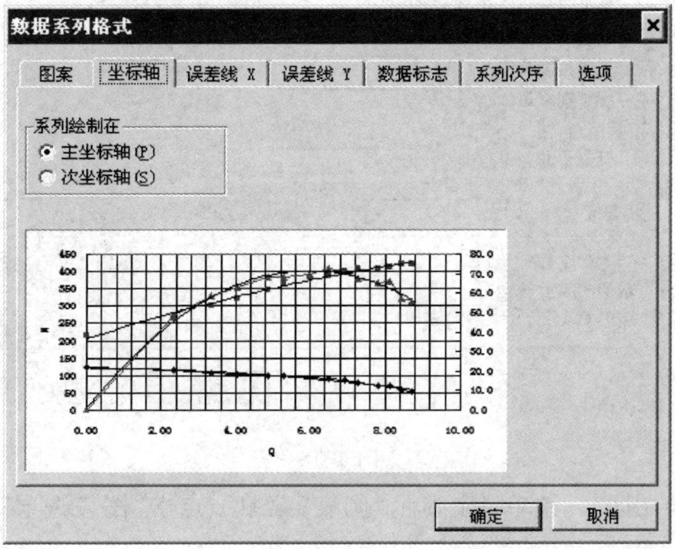

图 4-16

(b) 将压头置于次坐标轴。选定系列(压头-流量关系曲线)，单击鼠标右键，选择“设置数据系列格式”，得到“数据系列格式”对话框，打开“坐标轴”选项，选择“次坐标轴”，得到图 4-17。并点击坐标轴修改其性质数据得到图 4-18。

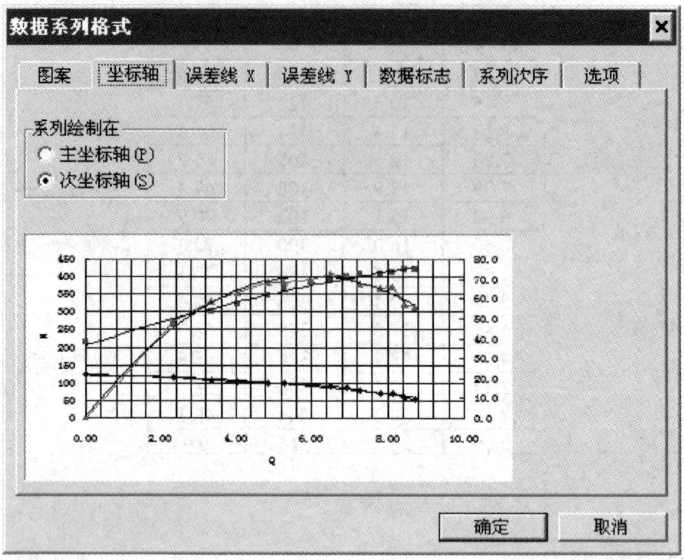

图 4-17

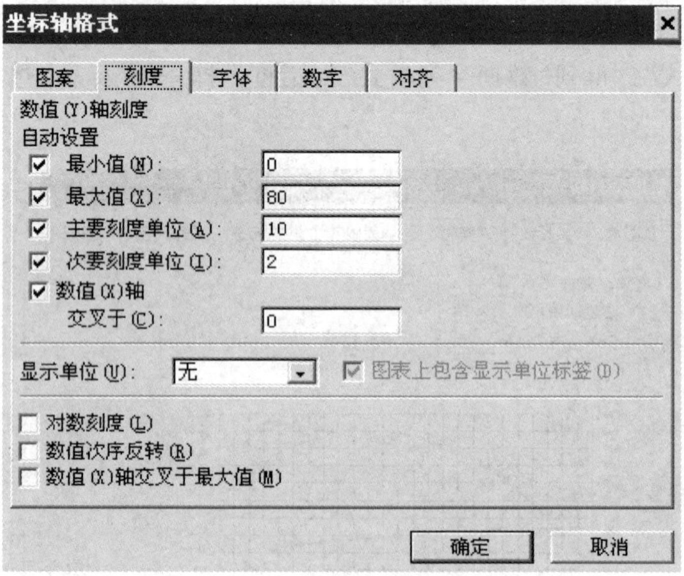

图 4-18

将鼠标置于“绘图区”，菜单栏上显示“图表”菜单→点击“图表选项”命令，得到“图表选项”对话框。

(c) 添加趋势图，得到泵特性曲线结果如图 4-19。

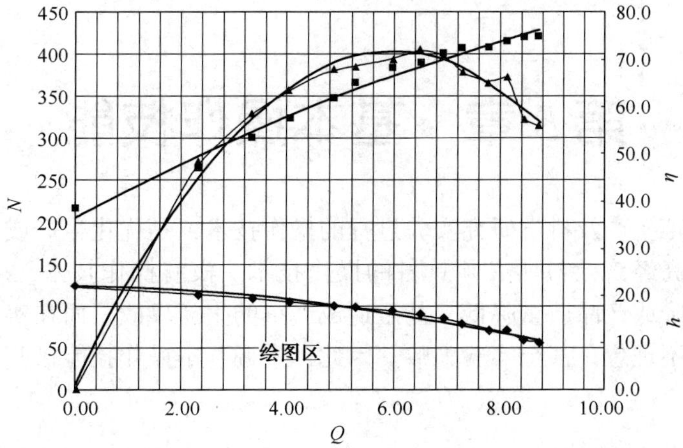

图 4-19

4.4.3 空气-水套管换热实验

(1) 实验数据

某一设备普通管数据：

Re	25496	33331	38605	42983	47302	50555
$Nu/Pr^{0.4}$	91	118	130	140	151	166

(2) 实验结果的图形表示及特征方程的确定

对区域作图，并添加乘幂趋势线，显示趋势线方程及 R^2 值，结果如图 4-20 所示。因 $Nu/Pr^{0.4}=A\,Re^m$，所以 $m=0.8348$，$A=0.0193$。也可以用 $\ln(Nu/Pr^{0.4})$ 作 ln*Re* 散点图，用线性回归方法求出 *A* 和 *m* 值，比较两式 $A=e^{-3.9494}=0.0193$。两种求法结果都是一样的。

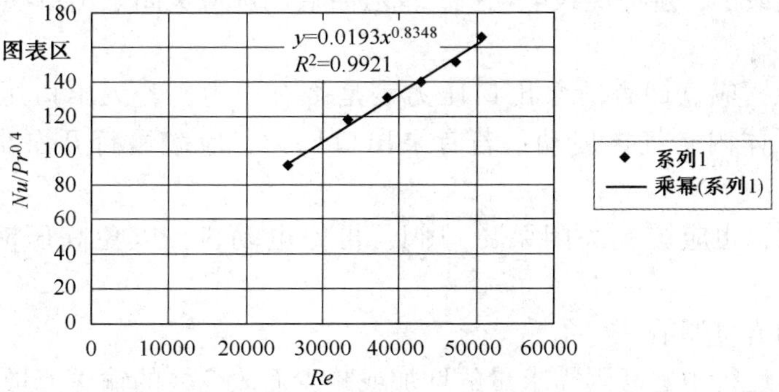

图 4-20

相关数据：

ln*Re*	10.1463	10.4142	10.5611	10.6686	10.7643	10.8308
$\ln(Nu/Pr^{0.4})$	4.51	4.77	4.87	4.94	5.02	5.11

第 5 章　基本操作技能

操作技能是化工生产及科学研究实验过程的操作技术，是优化生产或实验，保证产品质量或实验成果，提高经济效益所必须具备的操作技术。没有操作技术，生产过程中操作不当，将造成产量下降或产品质量降低，甚至造成严重的生产事故。而在实验中，实验操作不当将造成实验结果不理想，甚至实验失败。因此，掌握基本操作技能极其重要，本章将主要介绍其相关内容。

5.1　化工单元设备基本操作技能

化工单元设备操作是化工生产中共有的操作，同一单元操作用于不同的化工生产及化工科学研究实验过程，其控制原理一般是相同的。下面简单介绍离心泵、精馏塔、吸收塔、萃取塔及干燥过程的基本操作。

5.1.1　离心泵的操作

(1) 离心泵的启停

离心泵启动前要进行盘车，即用手转动泵轴，检查确认泵轴旋转灵活后方可启动泵，以防止泵转轴被卡住而造成泵启动时电机超负荷被烧毁或发生其他事故；要向泵体内灌满待输送的液体，使泵体内空气排净，以防止发生气缚现象(泵叶轮中心区所形成的真空度不足以将液体吸入泵内)，而无法正常运转；启动泵时电动机的电流是正常运转的 5~7 倍，为使启动泵时轴功率消耗最小，避免烧毁电动机，离心泵启动前应关闭泵出口阀，使泵在最低负荷状态下启动。

离心泵启动后，应立即查看泵出口压力表是否有压力，若无出口压力，应立即停泵，重新灌泵，排净泵体内空气再启动；若有泵出口压力，应缓慢打开泵出口阀至所需要的流量。

离心泵停车时，也应缓慢关闭泵出口阀，再停电动机，以免高压液体倒流冲击而损坏泵。

(2) 离心泵的流量调节

离心泵在正常运行中常常因需求量的增加或减少而改变泵的输送流量，因此，需要对泵的流量进行调节，其常用的调节方法如下。

① 调节泵出口阀的开度。

调节泵出口阀的开度实际上是改变管路流体流动阻力，从而改变流量。当调大泵出口阀开度时，管路局部阻力减小，流量增大；当调小泵出口阀开度时，管路局部阻力增大，流量减小，从而达到流量调节的目的。这种调节流量的方法快速简便，流量连续可调，应用广泛。其缺点是，减小阀门开度时，有一部分能量因克服阀门的局部阻力而额外消耗，在调节幅度较大时还使离心泵处于低效区工作，因此操作上不经济。

应特别注意，不能用减小泵入口阀开度的方法来调节流量，因为这种方法极有可能使离心泵发生汽蚀，破坏泵的正常工作。

② 改变泵的叶轮转速。

从离心泵的特性可知，转速增大则流量增大，转速减小则流量减小，因而改变泵的叶轮转速就可以起到调节流量的作用。这种调节方法，不增加管路阻力，因此没额外的能量消耗，经济性好。缺点是，需要装配变频(变速)装置才能改变转速，设备费用投入大，通常用于流量较大、调节幅度较大的场合。

③ 改变泵叶轮的直径。

改变泵叶轮的直径可以改变泵的特性曲线，由离心泵的切割定律可知，流量与叶轮直径呈正比关系。因此，改变叶轮的直径同样可以起到调节流量的作用。但更换叶轮很不方便，故生产上很少采用。

5.1.2 精馏塔的操作控制

精馏的过程本质是气液接触传质，精馏塔操作状况最直观的判断是板上气液接触状况。

(1) 塔板上气、液接触充分

① 气液鼓泡接触状态：上升蒸气流速较慢，气液接触面积不大。

② 泡沫接触状态：气速连续增加，气泡数量急剧增加，同时不断碰撞和破裂，板上液体大部分以膜的形式存在于气泡之间，形成一些直径较小、搅动十分剧烈的动态泡沫，是一种较好的塔板工作状态。

③ 气液蜂窝状接触状态：气速增加，上升的气泡在液层中积累，形成以气体为主的类似蜂窝状泡结构的气泡泡沫混合物，这种状态对传热、传质不利。

④ 喷射接触状态：气速连续增加，把板上的液体破碎向上喷成大小不等的液滴，直径较大的液滴落回塔板上，直径较小者被气体带走形成液沫夹带，轻度的液沫夹带也是一种较好的工作状态。

(2) 塔板上的不正常现象

① 严重的漏液现象。气相负荷过小，塔内气速过低，大量液体从塔板开孔处落下，使精馏过程中气液两相不能充分接触，严重漏液会使塔板不能建立起液层而无法正常操作。

② 严重的液沫夹带现象。在一定的液体流量下，塔内气速增至某一定数值时，塔板上某些液体被上升高速气流带至上层塔板，这种现象称为液沫夹带，气速越大，液沫夹带越严重，塔板上液层越厚，严重时将会发生夹带液泛。液沫夹带是一种与液体主流方向相反流动的返混现象，会降低板效率，破坏塔的正常操作。

③ 液泛现象。液泛现象一般有夹带液泛、溢流液泛两种。

夹带液泛：塔内上升气速很大时，液体被上升气体夹带到上一层塔板，流量猛增，使塔板间充满气液混合物，最终使整个塔内都充满液体。

溢流液泛：因受降液管通过能力的限制，引起液体不能通过降液管往下流而积累在塔板上，引起溢流液泛，破坏塔的正常操作。

而决定板上气液接触状况的原因主要是塔内气液相负荷是否平衡。精馏塔正常运行过程实际是控制塔内气液相负荷的大小，保持平衡，以保证塔内良好的传热传质，获得合格产品。但塔内气液相负荷是无法直接控制的，生产或实验过程中主要通过控制压力、各塔的温度、进料量和进料状况、回流比、回流温度等操作条件来实现。精馏塔维持正常稳定的连续操作方法可以归纳为控制三个平衡，即气液平衡、物料平衡、热量平衡。

（3）精馏塔压力控制

精馏塔压力的控制是操作的基础，它直接影响板上气液平衡，塔的操作压力一经确定，就应保持恒定。如果塔的操作压力改变将会使气液相平衡关系发生变化。影响塔压力变化的因素很多，在操作中应根据具体情况进行控制。

在正常操作中，若塔进料量、塔釜温度及塔顶冷凝器的冷却剂量都不变化，则塔压力随采出量的变化而发生变化，采出量大，塔压力下降，采出量小，塔压力升高，因此稳定采出量可使塔压力稳定。当釜温、进料量以及塔顶采出量都不变化时，塔压力却升高，可能是冷凝器的冷凝剂量不足或冷凝剂温度升高引起的，应增大冷凝剂量，有时也可加大塔顶采出量或降低釜温以保证不超压。如果塔釜温度突然升高，塔内上升蒸气量增大，导致塔压力升高，这种情况应迅速减少塔釜加热量及增大塔顶冷凝器的冷凝剂量或加大采出量，及时调节塔的温度至正常。如果是塔釜温度突然降低，则情况相反，处理方法也相反。

（4）精馏塔温度控制

精馏塔温度与气、液相的组成有着对应的关系，在精馏过程中，恒定塔的操作压力下，稳定塔顶的温度至关重要，可保证塔顶馏出液产品的组成。塔顶温度主要受以下因素影响：进料量、进料组成、操作压力、塔顶冷凝器的冷却剂量、回流温度、塔釜温度等。因此，控制塔顶温度，应根据影响因素而作出对应的调节，如塔顶温度随塔釜温度改变时，应着重调节塔釜温度使塔顶温度恢复正常；若是因塔顶冷凝器冷却效果差，回流温度高而导致塔顶温度升高的，应增大塔顶冷凝器冷却剂量以降低回流温度，从而达到控制塔顶温度的目的；如果精馏段灵敏板温度升高，塔顶产品轻组分浓度下降时，应适当增大回流比，使其温度降至规定值，从而保证塔顶产品质量；当提馏段灵敏板温度下降时，塔底产品轻组分浓度增大，应适当增大再沸器加热量，使塔釜温度上升至规定值；有时塔釜温度会随着塔的进料量或回流量的改变而改变，因此在改变进料量或回流量的同时应注意维持塔釜正常温度。

（5）塔进料量的控制

在生产或实验过程中不能随意改变进料量，进料量的改变会使塔内气、液相负荷发生变化，影响了塔的物料平衡以及塔效率。进料量增大，上升气速接近液泛时，传质效果最好，超过液泛速度将会破坏塔的正常操作。若进料量超过塔釜和冷凝器的负荷范围，将引起气液平衡组成变化，造成塔顶、塔釜产品质量不合格；进料量减小，气速降低，对传质不利，严重时易造成漏液，分离效果不好。因此，进料量应保持稳定状态，工艺要求改变时，应缓慢调节进料阀，同时维持全塔的总物料平衡，否则当进料量大于出料量时会引起淹塔，当进料量小于出料量时会引起塔釜蒸干。

（6）回流比的控制

回流量与塔顶采出量之比称为回流比。回流比是影响精馏过程分离效果的重要因素，它是控制产品质量的主要手段。在精馏过程中产品质量和产量的要求是相互矛盾的，在塔板数和进料状态等参数一定的情况下，增大回流比可提高塔顶产品轻组分的纯度，但在再沸器的负荷一定的情况下，会使塔顶产量降低。回流比过大，将会造成塔内循环量过大，甚至破坏塔的正常操作；回流比过小，塔内气液两相接触不充分，分离效果差。因此，回流比是一个既能满足生产要求又能维持塔内正常操作的重要参数。回流比一经确定，就应保持相对稳定。

（7）精馏塔采出量

① 塔顶采出量。对一定的进料量，在冷凝器负荷不变的情况下降低塔顶产品采出量，

可使回流量及塔压差增大，塔顶产品纯度提高，但产量减少。塔顶采出量增加，造成回流量减少，因此精馏塔的操作压力降低，重组分被带到塔顶，致使塔顶产品不合格。

② 塔底采出量。正常操作中，塔底采出量应符合塔的总物料衡算式，若采出量太小，造成塔釜液位逐渐升高，至充满整个加热釜的空间，使塔釜液体难于汽化，此时将会影响塔底产品质量。若采出量太大，致使塔釜液位过低，则上升蒸气量减少，使板上传质条件变差，板效率下降。可见，塔底采出量应以控制塔釜内液面一定高度并维持恒定为原则。

5.1.3 吸收塔的操作控制

吸收操作以净化气体为目的时，主要控制指标为吸收后的尾气浓度；当以吸收液为产品时，主要控制指标为出塔溶液的浓度。吸收操作过程的主要控制因素有：压力、温度、气流速度、吸收剂用量、吸收剂中吸收质浓度。

(1) 压力的控制

提高吸收系统压力，可以增大吸收推动力，提高吸收率。但压力过高，会增大动力消耗，设备强度要求高，设备投资及生产费用加大。因此，能在常压下进行吸收操作的不用高压操作。实际操作压力主要由原料气组成及工艺要求决定。

(2) 温度的控制

吸收塔的操作温度对吸收速率影响很大，操作温度升高，容易造成尾气中溶质浓度升高，吸收率下降；降低操作温度，可增大气体溶解度，提高吸收率。但温度过低，吸收剂黏度增大，吸收塔内流体流动性能变差，增加输送时的能耗，影响吸收的正常操作。因此，操作中应维持已选定的最佳操作温度。对于有明显热效应的吸收过程，通常塔内或塔外设有中间冷却装置，此时应根据具体情况把塔的操作温度控制在适宜状态。

(3) 气流速度的控制

气流速度的大小直接影响吸收过程。气流速度小，气体湍动不充分，吸收传质系数小，不利于吸收；气流速度大，使气、液膜变薄，减少气体向液体扩散的阻力，有利于气体的吸收，同时也提高了单位时间内吸收塔的生产效率。但气流速度过大时，会造成气液接触不良、雾沫夹带甚至液泛等不良现象，不利于吸收。因此，要选择一个最佳的气流速度，从而保证吸收操作高效稳定进行。

(4) 吸收剂用量的控制

吸收剂用量过小，塔内喷淋密度小，填料表面不能完全湿润，气、液两相接触不充分，使传质面积下降，吸收效果差，尾气中溶质浓度增加；吸收剂用量过大，塔内喷淋密度过大，流体阻力增大，甚至还会引起液泛。因此，需要控制适宜的吸收剂用量使塔内喷淋密度处于最佳状态，从而保证填料表面湿润充分和气、液接触面状况良好。

(5) 吸收剂中吸收质浓度的控制

对于吸收剂循环使用的吸收过程，吸收剂中溶质浓度增高，吸收推动力减小，尾气中溶质的浓度增加，严重时达不到分离要求。降低吸收剂中溶质的浓度，可增大吸收推动力，在吸收剂用量足够的情况下，尾气中溶质的浓度也降低。因此，入塔吸收剂浓度升高时，要对解吸系统进行调整，以保证解吸后循环使用的吸收剂符合工艺要求。

(6) 吸收系统拦液和液泛现象的判断及防止

吸收系统设计时已经考虑了产生液泛的主要原因，因此按正常操作一般不会发生液泛，但当操作负荷大幅度波动或溶液起泡，气体带雾沫过多时，就会形成拦液甚至液泛。

操作中判断液泛的方法通常是观察塔的液位，若操作中溶液循环量正常而塔液位下降，或气体流量没变而塔的压差增大，这可能是将要发生液泛的前兆。

防止拦液和液泛发生的措施是严格控制工艺参数，保持系统操作平稳，尽量减轻负荷波动次数，发现问题及时处理。

5.1.4 萃取过程的操作控制

在萃取实验中，主要控制参数包括总流量、温度、搅拌强度、相界面高度等。

(1) 总流量的控制

总流量即为轻、重两相流量的总和，控制总流量其实是控制萃取设备的生产能力。设备最大处理量一般在试运时已经测定，但实验过程中原料液组成可能发生变化，因此要根据情况对两相流量作适当的调整控制，这种流量调整前应先调出液泛状态，确定液泛状态的总流量，然后在低于液泛状态的总流量下进行流量调整控制。

(2) 温度控制

温度对大多数萃取体系都有影响，除某些具有温度效应影响的萃取剂外，大多数都是通过对萃取剂和原料液的物性(溶解度、黏度、密度、界面张力)发生影响。温度过高，会增加萃余相的挥发损失，因此操作温度应适当控制。

(3) 搅拌强度控制

萃取过程中随着原料液组分、操作温度的变化，特别是界面絮凝物积累的变化，常常会影响混合和分相的特性，这就需要调整搅拌强度。搅拌强度与转速和叶轮直径(脉冲频率)成正比。搅拌强度越大，两相混合越好，传质效率越高。但相的分离则与此相反，因此在研究实验中要根据不同的萃取体系，通过控制搅拌器转速来调整适宜的搅拌强度。

(4) 相界面高度控制

相界面的位置直接影响两相的分离和相的夹带，相界面的位置最好位于重相入口和轻相出口之间，相界面高度可以通过界面调节器来控制。

(5) 液泛现象的防止

萃取塔运行中若操作不当，会发生分散相被连续相带出塔设备外的情况，或者发生分散相液滴凝聚成一段液柱并把连续相隔断，这种现象称为液泛。刚开始发生液泛的点称为液泛点，这时分散相、连续相的流速为液泛流速。液泛是萃取塔操作时容易发生的一种不正常的操作现象。

液泛的产生不仅与两相流体的物性(如黏度、密度、表面张力等)有关，而且与塔的类型、内部结构有关。对一特定的萃取塔操作时，当两相流体选定后，液泛的产生是由流速(流量)或振动脉冲频率和幅度的变化引起的，即流速过大或振动频率过快容易造成液泛。

5.1.5 干燥过程的调节控制

对于一个特定的干燥过程，干燥器和干燥介质已选定，同时湿物料的含水量、水分性质、温度及要求的干燥质量也一定。这样，能调节的参数只有干燥介质的流量、进出干燥器的温度及出干燥器时的湿度参数，这些参数相互关联和影响，当规定其中的任意两个参数时，另两个参数也就确定了，即在对流干燥操作中，只有两个参数可以作为自变量而加以调节，在实际操作中，通常调节的参数是进入干燥器的干燥介质的温度和流量。

(1) 干燥介质的进口温度和流量的调节

为了强化干燥过程，提高经济效益，在物料允许的最高温度范围内，干燥介质预热后的温度应尽可能高一些。同一物料在不同类型的干燥器中干燥时的允许介质进口温度不同，如在转筒、沸腾、气流等干燥器中，由于物料在不断翻动，表面更新快，干燥过程均匀、速率快、时间短，因此介质的进口温度可较高。而在厢式干燥器中，由于物料处于静止状态，加热空气只与物料表面直接接触，容易使物料过热，应控制介质的进口温度不能太高。

增加空气的流量可以增大干燥过程的推动力，提高干燥速率，但空气流量的增加，会造成热损失增加，热量利用率下降，同时还会使动力消耗增加；气速的增加，还会造成产品回收负荷增加。生产中，要综合考虑温度和流量的影响，合理选择。

（2）干燥介质出口温度和湿度的影响及控制

当干燥介质的出口温度提高时，废气带走的热量增大，热损失增加，如果介质的出口温度太低，则废气含有相当多的水汽可能在出口处或后面的设备中达到露点，析出水滴，这将破坏干燥的正常操作，可能导致干燥产品的返潮和设备腐蚀。

离开干燥器的干燥介质的相对湿度提高时，可使一定的干燥介质带走的水汽量增加，但相对湿度提高，会导致过程推动力降低，完成相同的干燥任务所需时间增加或干燥器尺寸增大，使总费用增大。因此，必须根据具体情况全面考虑。

对于一台干燥设备，干燥介质的最佳出口温度和湿度应通过操作实践来确定，在生产上或实验中控制干燥介质的出口温度和湿度主要通过调节介质的预热温度和流量来实现。例如，同样的干燥处理量，提高介质的预热温度或加大其流量，都可使介质出口温度上升，相对湿度下降。在设有废气循环使用的干燥装置中，循环废气与新鲜空气混合进入预热器加热后，再送入干燥器，以提高传热和传质系数，减少热损失，提高热能的利用率。但废气循环利用会使进入干燥器的湿度增大，干燥过程的传质推动力下降。因此，废气循环操作时，应在保证产品质量和产量的前提下，适宜调节废气循环比。

5.2 仪器设备的使用

5.2.1 流量、温度、压力的测控

流量、温度、压力在调节前要弄清其控制点、控制目的和阀门的开关方向，各测量仪器本身存在一定的滞后问题。因此，控制其各参数时应缓慢调节，同时注意观察其调节参数的变化情况，否则，被调节参数难以稳定在所需的控制值。

若采用液柱式压强计测量压力时，在使用前，要先将液柱式压强计里的空气排净，并读出基准面数值后方可使用。

5.2.2 电压或电流调节器

在电源开关与设备之间装有电压或电流调节器的情况下，在接通电源开关之前，一定要先检查电压或电流调节器是否置于“零位状态”，否则，接通电源开关时，设备将在较大功率下运行，有可能造成设备损坏。如萃取实验装置中的无级调速器的“调速旋钮”若是在位于最大转速处合上电源开关，此时塔内的旋转装置将“飞速旋转”而损坏设备。

5.2.3 电热器使用

在电热器开启之前，一定要按实验的操作规程进行检查，符合条件后才能开启电热器加热。否则，会烧坏设备。

例如，筛板塔精馏实验中的塔釜电热器，在开启之前，应检查塔釜液面是否已经符合规

定的范围。否则，在塔釜液面太低的情况下，开启电热器加热，电热器的热量不能及时被取走，将造成电热器被烧毁。实验完毕应先关塔釜电热器。

5.2.4 阿贝折光仪的使用

在使用阿贝折光仪前，必须先用标准试样校对读数，校对方法参照产品说明书，校对读数准确后方可使用。

(1) 恒定棱镜组温度

启动恒温水浴槽并设定所需棱镜组内的温度值，待温度达到设定值并稳定后，才可使用。

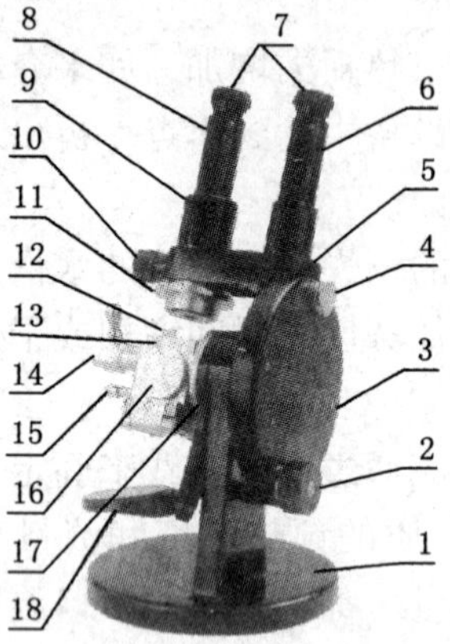

图 5-1 阿贝折光仪结构

1—底座；2—棱镜转动手轮；3—圆盘组(内有刻度板)；4—小反光镜；5—支架；6—读数镜筒；7—目镜；8—望远镜筒；9—示值调节螺钉；10—阿米西棱镜手轮；11—色散值刻度圈；12—棱镜锁紧手柄；13—棱镜组；14—温度计；15—恒温器接头；16—保护罩；17—主轴；18—反光镜

(2) 分析样品浓度

① 开恒温水浴槽循环水，松开棱镜锁紧手柄 12，使棱镜组 13 打开，用镜头纸轻轻擦净镜面后，合闭锁紧棱镜组(图 5-1)；

② 用注射器将样品从棱镜组右侧面小孔注入棱镜组内；

③ 旋转左边棱镜转动手轮 2，同时在目镜 7 中观察视场呈现清晰明暗分界在十字线中心(图 5-2)，从读数镜筒 6 读出如图 5-3 所示的刻度数值，即为所测得的折光率 n_D。

(3) 测量结束

① 关恒温水浴槽循环水，切断恒温水浴槽电源；

② 打开棱镜组，用镜头纸轻轻擦净镜面，合闭锁紧棱镜组。

(4) 注意事项

① 测定折光率时要确保恒温，否则影响测量结果；

② 保持仪器清洁，严禁用手接触光学零件(棱镜及目镜等)，光学零件表面灰尘可用脱脂棉蘸酒精乙醚混合液或用镜头纸轻轻擦净；

③ 仪器严禁激烈振动或撞击，以免光学零件损坏或影响精度。

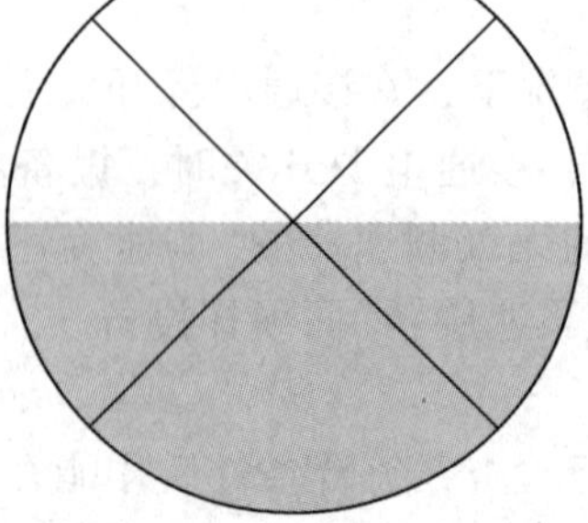

图 5-2 明暗分界

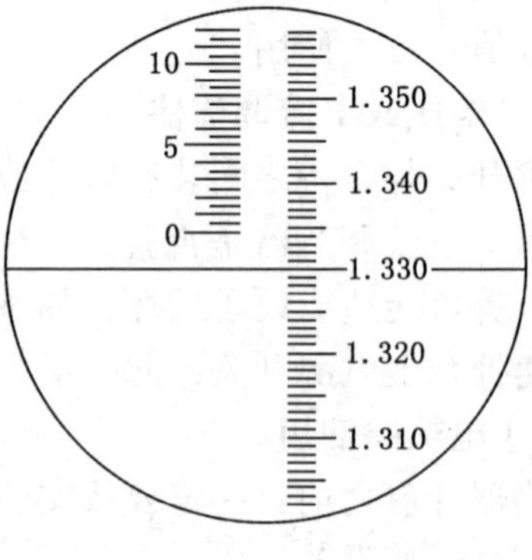

图 5-3 读数镜筒视场

5.3　实验异常现象、原因及处理方法

实验项目	异常现象	原　　因	处理方法
雷诺演示实验	层流状态下观察： ① 指示液不呈直线流动； ② 指示液向管路底部逐渐沉降流动或流动不稳定； ③ 指示液流动呈直线靠贴管壁摇摆流动	① 高位槽进水流量过大，槽液面波动； ② 指示液浓度过大或水流速过小； ③ 实验装置受周围环境的震动影响，或受碰撞	① 减小高位槽进水量，稳定槽液面； ② 稀释指示液，调节适宜水流速； ③ 尽可能避免周围环境的影响
流体流动能量转换实验	① 实验中高位槽水液面升高或下降； ② 全关实验管路出口阀 A、B、C 、D 各测压管两次的读数差值较大	① 高位槽进水流量过大，实验管路出口流量小，下降则反之； ② 高位槽液面不稳定	① 调节高位槽进水阀或实验管路出口阀，恒定高位槽液面； ② 控制高位槽液面恒定
流体流动阻力测定实验	① 离心泵噪声大，泵进、出口压力显示不正常； ② 在流量等于零时，倒 U 形压差计调不到压差为零	① 频率表的切换按钮按错，使离心泵叶轮倒转； ② 测压管路有空气	① 关闭泵出口阀，停泵，检查频率指示灯是否显示在正转，若显示反转状态，则通过切换按钮调节至正转状态； ② 增大测压管路的流量，排净空气
离心泵综合实验	① 压力表波动大，难以读数； ② 测压差的仪表不为零； ③ 启动泵后，噪声大，泵出口没压力显示	① 压力表一般都要有一段缓冲管，但本实验装置没有缓冲管； ② 仪表本身有误差； ③ 泵体有空气，泵入口真空度不足以将液体吸入泵内使泵抽空	① 压力表的阀门尽量关小，能测到数据即可； ② 应把初始值记下，实验完毕再进行校正； ③ 灌泵，把泵体内空气排净，重新启动
对流强化传热实验	① 控压仪表不能自控； ② 被测换热器的空气流量无法提高	① 控压仪表调节失灵；U 形压差计中指示液(水)进入了蒸汽冷凝水，由于冷凝水电导能力低，使控压仪无法响应； ② 切换支路时，没有把支路的阀门关上	① 把 U 形压差计中指示液置换为自来水； ② 关闭支路上的阀门

续表

实验项目	异常现象	原因	处理方法
过滤实验	① 真空表读数无法调高； ② 集液瓶的滤液浑浊； ③ 全开集液瓶放液阀，滤液没排出	① 法兰接面不紧密；集液瓶放液阀和缓冲罐放液阀没全关闭；真空表失灵； ② 真空度控制值过大，滤布烂； ③ 在全关闭真空缓冲罐放空阀状态下停真空泵，集液瓶内压力低	① 拧紧法兰连接螺丝或重新安装过滤器；全关集液瓶放液阀和缓冲罐放液阀；更换真空表； ② 重新选取真空度控制值，更换过滤器滤布； ③ 全开真空缓冲罐放空阀，打开真空缓冲罐放液阀排净内存的滤液
筛板塔精馏设计实验	① 塔釜温度不能升高； ② 塔进料量无法提高； ③ 塔内出现液泛； ④ 液沫夹带； ⑤ 塔板漏液	① 温度显示表失灵或塔釜加热器烧坏，不起加热作用； ② 高位槽原料液面过低或塔进料段操作不正常，引起塔进料段压力大于进料管路压力； ③ 气、液两相负荷过高，进入液泛区；加热过猛，气相负荷过高； ④ 气速过大； ⑤ 气速过小，气流不均匀分布	① 换温度显示表或停车更换塔釜加热器； ② 向高位槽补加原料使液面达到规定范围或调节至塔进料段操作正常； ③ 调整气、液负荷；调低加热电压，降低塔釜温度； ④ 调节适宜气速； ⑤ 适当调大气速
填料塔吸收综合实验	① 尾气浓度分析时间过短； ② 二氧化碳流量不稳定； ③ 水流量不稳定	① 吸收过程水的流量过大，造成出塔尾气浓度过小、选用硫酸浓度过大造成中和时间长； ② 提供的二氧化碳气源不稳定； ③ 水由自来水管提供，受外界影响大	① 控制适宜的水流量； ② 切换二氧化碳气源； ③ 及时调节
萃取实验	① 塔内水、煤油分界面不在重相入口与轻相出口之间； ② 煤油进塔流量不稳定	① 塔底流体经倒 U 形管流出，倒 U 形管起着维持塔内界面的作用，过高或过低都会影响塔内界面； ② 煤油泵旁路阀开度过大；进塔流量过小而带进空气；煤油储罐储量过少	① 将倒 U 形管调节到合适的高度； ② 尽量开小煤油泵旁路阀，储罐储量要有一半以上
洞道干燥实验	① 湿球温度不断升高； ② 正常操作后干球温度不断下降； ③ 正常操作中温度显示表为零	① 蓄水池水量不足或温度显示表失灵； ② 空气加热器损坏，不起加热作用； ③ 测温探头断路没起到测温作用	① 向蓄水池加入足够水量或更换温度显示表； ② 停车更换空气加热器； ③ 更换测温探头

5.4 实验安全基本知识

化工原理实验是一门实践性较强的课程。使学生学习实验安全基本知识、掌握必要的安全常识，避免事故发生，是实验教学不可缺少的内容。

5.4.1 防火知识

① 所有人员不准在实验室吸烟，不携带引火物入实验室；实验使用的药品不随意乱倒，应集中回收处理；剩余的易燃药品必须保管好，不得随意乱放。

② 化工原理实验室火灾的隐患除了易燃化学药品外，还有电器设备和电路等，因此，实验前要检查电器设备的安全情况。

③ 用电进行高温加热的实验操作过程中必须有人坚守操作岗位，以防发生意外，如火灾。

④ 实验中若发现不正常的异味及不正常响声应及时对正在使用的仪器、设备及实验过程和周围环境进行检查，若发现问题及时处理。

⑤ 熟悉消防器材的使用方法，一旦发生火情，应冷静判断并采取有效措施灭火。

5.4.2 用电安全知识

① 实验之前，必须了解室内总电闸与分电闸的位置，便于出现用电事故时能及时切断电源；

② 接触或操作电器设备时，手必须干燥，所有的电器设备在带电时不能用湿布擦拭，更不能有水落在上面，不能用试电笔去试高压电，电器设备维修及更换保险丝时，一定要先拉下电闸后再进行操作；

③ 电源或电器设备上的保护熔断丝或保险管都应按规定电流标准使用，不能任意加大，更不允许用铜丝或铝丝代替；

④ 在实验过程中，如果发生停电现象，必须切断电闸。以防操作人员离开现场后，因突然供电而导致电器设备在无人监视下运行发生意外及电事故。

5.4.3 使用高压钢瓶的安全知识

① 应尽可能避免可燃性气体钢瓶和氧气钢瓶同在一房间使用(如氢气钢瓶和氧气钢瓶)，以防止因为两种钢瓶同时漏气而引起着火和爆炸；

② 按规定远离明火，可燃性气体钢瓶与明火距离在10m以上；如氢气泄漏时，当氢气与空气混合后体积分数达到4%~75.2%时，遇明火会发生爆炸；

③ 高压钢瓶不能受日光直晒或靠近热源，以免瓶内气体受热膨胀，而引起钢瓶爆炸；

④ 搬运钢瓶时，应戴好钢瓶帽和橡胶安全圈，并严防钢瓶摔倒或受到撞击，以免发生意外爆炸事故，钢瓶使用时必须牢固地靠在墙壁或实验台旁；

⑤ 绝不可把油或其他易燃性有机物黏附在钢瓶上(特别是出口和气压表处)；也不可用麻、棉等物堵漏，以防燃烧引起事故；

⑥ 使用钢瓶时，一定要用气压表，而且各种气压表不能混用。一般可燃性气体的钢瓶气门螺纹是反扣的(如H_2，C_2H_2)，不燃性或助燃性气体的钢瓶气门螺纹是正扣的(如N_2，O_2)；

⑦ 使用钢瓶时必须连接减压阀或高压调节阀，不经这些部件让系统直接与钢瓶连接是十分危险的；

⑧ 开钢瓶阀门及调压时，人不要站在气体出口的前方，头不要在瓶口之上，而应在瓶之侧面，以防钢瓶的总阀门或气压表被冲出伤人；

⑨ 当钢瓶使用到瓶内压力为0.5MPa时，应停止使用，压力过低会给充气带来不安全因素，当钢瓶内压力与外界压力相同时，会造成空气的进入。

5.4.4 灭火器材的选用方法

灭火器材的选用是根据火灾的大小、燃烧物的类别及其环境情况决定的。

(1) 泡沫灭火器

泡沫灭火器主要用于扑灭固体和液体着火(如汽油、苯、丙酮等着火)。因它是水溶液易导电并具有一定腐蚀性，所以不宜用于电器和贵重仪器的灭火，若用于扑灭电器设备的着火时，必须事先切断电源，否则有触电危险。

(2) 二氧化碳灭火器

二氧化碳灭火器可用于电器设备和贵重仪器着火时的扑救。使用二氧化碳灭火器时，不要用手接触壳体以免冻伤，还要站在火的上风口，以免自己因缺氧而窒息。

(3) 四氯化碳灭火器

四氯化碳的导电性很差，可以用来扑救电器设备着火，也可用于扑救少量可燃液体的着火。使用四氯化碳灭火器时要注意以下两点：

① 不能用于扑救钾、钠、镁、电石及二硫化碳的着火，因为四氯化碳在高温下与这些物质接触可能发生爆炸；

② 四氯化碳本身有毒，在高温下能产生有剧毒的光气，使用四氯化碳灭火器时，要站在上风口，在室内使用时要打开窗子。

(4) 干粉灭火器

它是一种高效灭火剂，适用于一般火灾、可燃液体火灾及带电设备火灾。使用时先拔去二氧化碳钢瓶上的保险锁，一手紧握喷嘴对准火焰，一手将提环拉起使二氧化碳气进入机桶，带着干粉经胶管由喷嘴喷出。

第二篇　实 验 内 容

第 6 章　验证、演示实验

6.1　雷诺演示实验

6.1.1　实验目的

① 观察认识流体的层流、湍流两种流动类型；

② 了解流体在管内作层流流动时的流速分布；

③ 掌握雷诺数 Re 的测定方法；验证层流、湍流类型下的雷诺数值及流动类型转变时的临界雷诺数。

6.1.2　实验原理

流体流动有两种不同形态，即层流（或称滞流，Laminar flow）和湍流（或称紊流，Turbulent flow），这一现象是由雷诺（Reynolds）于 1883 年首先发现的。流体作层流流动时，其流体质点作平行于管轴的直线运动，且在径向无脉动；流体作湍流流动时，其流体质点除沿管轴方向向前运动外，还在径向作脉动，从而在宏观上显示出紊乱地向各个方向作不规则的运动。

流体流动形态可用雷诺数（Re）来判断，这是一个由各影响变量组合而成的无因次数群，故其值不会因采用不同的单位制而不同。但应当注意，数群中各物理量必须采用同一单位制。若流体在圆管内流动，则雷诺数可用下式表示：

$$Re=\frac{du\rho}{\mu} \tag{6-1}$$

式中　Re——雷诺数，无因次；

d——管子内径，m；

u——流体在管内的平均流速，m/s；

ρ——流体密度，kg/m^3；

μ——流体黏度，Pa · s。

工程上一般认为，流体在直圆管内流动时，当 $Re \leqslant 2000$ 时为层流；当 $Re>4000$ 时，圆管内已形成湍流；当 Re 在 2000~4000 范围内时，流动处于一种过渡状态，可能是层流，也可能是湍流，或者是二者交替出现，这要视外界干扰而定，一般称这一 Re 数值范围为过渡区。层流转变为湍流时的雷诺数称为上临界雷诺数，用 $Re_{上}$ 表示。湍流转变为层流时的雷诺数称为下临界雷诺数，用 $Re_{下}$ 表示。这两者一般不相等。

实验观察过程中，影响流动状态的因素很多，入口条件、有无震动现象、流量计调节速度快慢等都会对流体流动造成影响。

6.1.3　实验装置与设备参数

实验装置如图 6-1 所示。主要由玻璃实验导管、流量计、流量调节阀、低位储水槽、循环水泵、溢流稳压水槽等部分组成，演示主管路为 ϕ20mm×2mm 硬质玻璃。

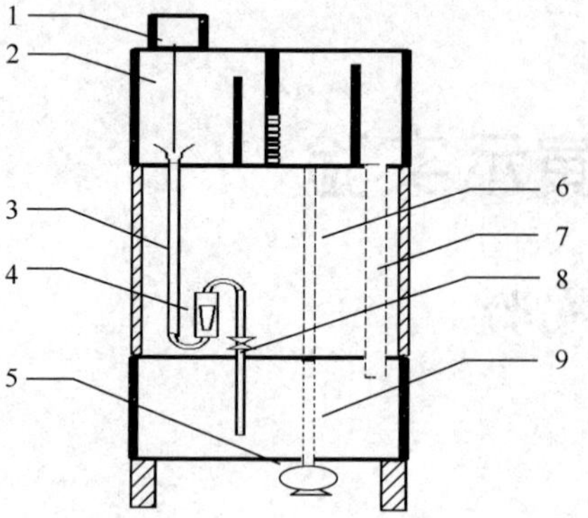

图 6-1　流体流动类型演示实验

1—红墨水储槽；2—溢流稳压槽；3—实验管；4—转子流量计；5—循环泵；6—上水管；7—溢流回水管；8—调节阀；9—储水槽

6.1.4　实验方法

实验前，先将水充满低位储水槽，关闭流量计后的调节阀，然后启动循环水泵。待水充满稳压溢流水槽后，开启流量计后的调节阀。水由稳压溢流水槽流经缓冲槽、实验导管和流量计，最后流回低位储水槽。水流量的大小，可由流量计和调节阀调节。

示踪剂采用红色墨水，它由红墨水储瓶经连接管和细孔喷嘴，注入试验导管。细孔玻璃注射管(或注射针头)位于试验导管入口的轴线部位。

(1) 观察流体流动类型

① 关闭水出口阀，打开进水阀，使自来水充满水箱，并有一定的溢流量；

② 逐渐打开水出口阀，让水缓慢流过实验管道；

③ 适当打开指示液出口阀，即可看到当前水流量下实验管路内水的流动类型，此时记录流体的流量；

④ 缓慢调大水的流量，同时根据实际情况适当调整指示液的流量，即可观看到各水流量下的流动类型，记录各流动类型下的水流量。

(2) 流体速度分布演示

① 关闭水出口阀；

② 打开指示液出口阀，使指示液在管道内聚集 2~3cm；

③ 打开水出口阀，保持管内流体呈层流流动，在实验管路中就可清晰地看到指示液沿水流方向所形成的抛物线。

6.1.5　实验数据记录

(1) 基本数据

(2) 实验数据列表(表 6-1)

表 6-1　雷诺实验数据

项目 序号	观察的现象 流动类型	流量/(L/h)	流速/(m/s)	雷诺数
1				
2				
3				
4				
5				

6.1.6　思考题

① 影响流体流型的因素有哪些？

② 如何判断流体的流型？

③ 如果管子是不透明的，不能用直接观察法来判断管中流动类型，你认为可用什么方

法来判断管中流动类型?

6.2　流体流动能量转换实验

6.2.1　实验目的

① 熟悉流体在流动中各种能量和压头的概念及转换关系，加深对伯努利方程的理解;

② 观察流速随管径变化的规律;

③ 理解各个截面的能量比例分布，了解它们之间的转换关系。

6.2.2　实验原理

流体流动时具有三种机械能：位能、动能、静压能，它们之间可以相互转换。不可压缩流体在管道内作连续的稳定流动时，在无摩擦作用的理想条件下，机械能守恒方程为:

$$gZ_1+\frac{p_1}{\rho}+\frac{1}{2}u_1^2=gZ_2+\frac{p_2}{\rho}+\frac{1}{2}u_2^2 \tag{6-2}$$

$$Z_1+\frac{p_1}{\rho g}+\frac{u_1^2}{2g}=Z_2+\frac{p_2}{\rho g}+\frac{u_2^2}{2g} \tag{6-3}$$

式中　Z_1，Z_2——管道两不同截面流体的位压头，m 液柱;

p_1，p_2——管道两不同截面流体的压强，Pa;

u_1，u_2——管道两不同截面流体的平均流速，m/s;

ρ——流体的密度，kg/m^3。

式(6-3)称为伯努利(Bernoulli)方程。

对于实际流体来说，则因为存在内摩擦，流动过程中总有一部分机械能因摩擦和碰撞而消失，即转化成热能，而转化为热能的机械能，在管路中是能恢复的。对于实际流体来说，这部分相当于被损失掉了，即两个截面的机械能的总和是不相等的，因此在进行机械能衡算时，就必须将这部分消失的机械能加到下游截面上。

$$Z_1+\frac{p_1}{\rho g}+\frac{u_1^2}{2g}=Z_2+\frac{p_2}{\rho g}+\frac{u_2^2}{2g}+h_{f1-2} \tag{6-4}$$

式中　h_f——以单位重量为衡算基准的损失压头，m 液柱。

机械能可用测压管中的一段液柱高度来表示。在流体力学中，把表示各种机械能的液柱高度称为“压头”，表示位能的称为位压头，表示动能的称为动压头，表示压力能的称为静压头，表示损失的机械能的称为损失压头。

当测压管开口方向与流体流动方向垂直时，测压管内的液柱高度即为静压头，它反映测压点处静压强的大小，如实验装置的 A、A_1、B、C、D 测压管，如图 6-2 所示。

当测压管口正对流体流动方向时，测压管内的液柱高度即为冲压头，它反映测压点处冲压头的大小，如实验装置的 B_1、C_1、D_1 测压管。

无外加功时，任何两个截面上的位压头、动压头和静压头总和之差为损失压头，它表示流体流经两个截面之间时机械能损失的大小。

6.2.3　实验分析

(1) 冲压头的分析

冲压头为静压头与动压头之和，由实验观测到在 B_1、C_1、D_1 截面上的冲压头比 B、C、

D 要高，这符合式(6-5)所示的从截面 1 至截面 2 的伯努利方程。

$$\left(\frac{p_1}{\rho g}+\frac{u_1^2}{2g}\right)=\left(\frac{p_2}{\rho g}+\frac{u_2^2}{2g}\right)+h_{f1-2} \tag{6-5}$$

(2) A、A_1 截面间静压头的分析

A、A_1 两截面处于同一水平位置，即 $Z_A=Z_{A_1}$。由于 A 截面面积比 A_1 截面面积大，则 A 处的流速比 A_1 处小。若流体从 A 流到 A_1 的压头损失为 h_{fA-A_1}，A、A_1 两截面间的伯努利方程为：

$$\left(\frac{p_A}{\rho g}+\frac{u_A^2}{2g}\right)=\left(\frac{p_{A_1}}{\rho g}+\frac{u_{A_1}^2}{2g}\right)$$

$$\left(\frac{p_A}{\rho g}-\frac{p_{A_1}}{\rho g}\right)=\left(\frac{u_{A_1}^2}{2g}-\frac{u_A^2}{2g}\right) \tag{6-6}$$

即两截面处的静压头差，决定于$\frac{u_{A_1}^2}{2g}-\frac{u_A^2}{2g}$，流体的静压能转换为流体的动能。

(3) B 与 C 截面间静压头的分析

当出口阀全开时，在 B、C 两截面间列伯努利方程，由于 B、C 截面积相等，即 B、C 截面流体动能相同，故：

$$\left(\frac{p_B}{\rho g}-\frac{p_C}{\rho g}\right)=(Z_C-Z_B)-h_{fB-C} \tag{6-7}$$

即两截面处的静压头差，决定于 Z_C-Z_B 和 h_{fB-C}，当 Z_C-Z_B 大于 h_{fB-C} 时，静压头差为正值，反之静压头差为负值。

(4) 压头损失的计算

当出口阀全开时，以 B 到 C 的压头损失 h_{fB-C} 为例，在 B、C 两截面间列伯努利方程得：

$$\frac{p_B}{\rho g}+\frac{u_B^2}{2g}+Z_B=\frac{p_C}{\rho g}+\frac{u_C^2}{2g}+Z_C+h_{fB-C} \tag{6-8}$$

压头损失的算法之一是用冲压头来计算：

$$h_{fB-C}=\left[\left(\frac{p_B}{\rho g}+\frac{u_B^2}{2g}\right)-\left(\frac{p_C}{\rho g}+\frac{u_C^2}{2g}\right)\right]+(Z_B-Z_C) \tag{6-9}$$

压头损失的算法之二是用静压头来计算：

$$u_B=u_C$$

$$h_{fB-C}=\left(\frac{p_B}{\rho g}-\frac{p_C}{\rho g}\right)+(Z_B-Z_C) \tag{6-10}$$

6.2.4 设备参数与实验装置

(1)设备参数

设 备	截面内径/mm				以低截面中心为基准面/mm
	A	B	C	D	
参数	15	30	30	30	$Z_{BC}=600$

(2) 实验装置

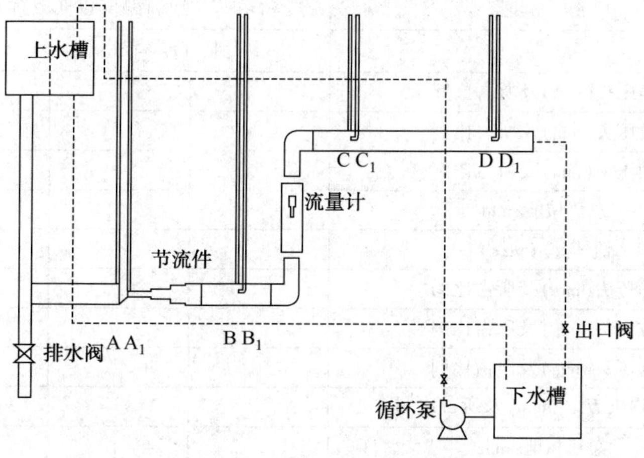

图 6-2 能源转移实验流程图

6.2.5 实验方法及注意事项

(1) 实验方法

① 向低位水槽注入蒸馏水至 3/4 高度;

② 关闭泵出口阀及管路出口阀后启动离心泵;

③ 缓慢打开泵出口阀,当高位水槽溢流口有适宜的溢流量后,全开管路出口阀;

④ 待流体流动稳定后,记录各测压管内的水柱高度;

⑤ 依次半开、全关管路出口阀,分别读取记录各测压管内的水柱高度;

⑥ 分析讨论流体在各截面之间的能量转换关系;

⑦ 实验完毕,关闭泵出口阀,关闭离心泵。

(2) 实验注意事项

① 不要将泵出口阀开得过大,以免水流冲出高位槽外面,导致高位槽液面不稳定;

② 关小管路出口阀时操作要缓慢,避免流量突然减小,使测压管中的水溢出管外;

③ 注意排净管路与测压管内的空气泡。

6.2.6 实验数据记录

(1) 基本数据

(2) 实验数据列表(表 6-2)

表 6-2 能量转换实验数据

(水温________℃,设备号________,以低截面为 0 基准面读数)

阀门操作	水柱高度	A 截面		B 截面		C 截面		D 截面	
		A	A_1	B	B_1	C	C_1	D	D_1
阀门某开度	mm								
全关阀门	mm								

6.2.7 思考题

水温	密　　度	实验序号(以低截面为0基准面)			
		某开度		全关	
A截面	静压头(mm)及所占比例				
	位压头(mm)及所占比例				
	动压头(mm)及所占比例				
	总机械能/mm				
	流　速/(m/s)				
B截面	静压头(mm)及所占比例				
	位压头(mm)及所占比例				
	动压头(mm)及所占比例				
	压头损失 H_{A-B}(mm)及所占比例				
	总机械能/mm				
	流　速/(m/s)				
C截面	静压头(mm)及所占比例				
	位压头(mm)及所占比例				
	动压头(mm)及所占比例				
	压头损失 H_{B-C}(mm)及所占比例				
	总机械能/mm				
	流　速/(m/s)				
D截面	静压头(mm)及所占比例				
	位压头(mm)及所占比例				
	动压头(mm)及所占比例				
	压头损失 H_{C-D}(mm)及所占比例				
	总机械能/mm				
	流　速/(m/s)				

用机械能转换的原理解释如下问题：

(1) 开阀门时：

① 为什么 $B_1>B$，$C_1>C$，$D_1>D$？

② 为什么 $B_1>C_1$？

③ ΔA、ΔB 的意义是什么？有什么区别？

④ 在同一流量下，ΔC 与 ΔD 是否相等，为什么？

(2) 全关阀门时：

① 各点是否同高？为什么？意义是什么？

② 比较 B、C 两点的静压头，哪个大？

(3) 在同一流量下，各个截面的机械能分布如何？为什么？每个截面的机械能如何转化？

(4) 随着流量变化，各个截面的高度变化如何？各个截面机械能分布如何变化？为什么？

(5) 当测试管出口调节阀调至某一开度时，由所测得的实验数据计算水流从截面 C 至截面 D 的压头损失。

6.3 流体流动阻力测定实验

6.3.1 实验目的

① 学习流动阻力引起的压力降 Δp_f 和摩擦系数 λ 的测定方法；

② 了解摩擦系数 λ 与雷诺数 Re 和相对粗糙度 $\frac{\varepsilon}{d}$ 之间的关系及变化规律；

③ 掌握双对数坐标的使用方法，画出 Re-λ 关系图；

④ 了解不同管径的直管 λ 与 Re 的关系；

⑤ 了解突缩管的局部阻力系数 ζ，阀门的局部阻力系数 ζ 与 Re 的关系。

6.3.2 实验原理

(1) 直管阻力损失 Δp_f、阻力系数 λ 的测定

流体在管路中流动，由于黏性剪应力的存在，不可避免地会产生机械能损耗。根据范宁(Fanning)公式，流体在圆形直管内做定常稳定流动时的摩擦阻力损失为：

$$\Delta p_f = \lambda \frac{l}{d} \frac{\rho \cdot u^2}{2}, \quad \text{Pa} \tag{6-11}$$

式中 l——沿直管两测压点间的距离，m；

λ——直管摩擦系数，无因次。

由上可知，只要测得 Δp_f 即可求出直管摩擦系数 λ。根据伯努利方程知，当两测压点处管径一样，且保证两测压点处速度分布正常时，两点差压 Δp 即为流体流经两测压点处的直管阻力损失 Δp_f。

$$\lambda = \frac{2 \cdot \Delta p \cdot d}{\rho \cdot u^2 \cdot l}$$

式中 Δp——差压传感器读数，Pa。

以上对阻力损失 Δp、阻力系数 λ 的测定方法适用于粗管、细管的直管段。

根据哈根-泊谡叶(Hagon-Poiseuille)公式，流体在圆形直管内作层流流动时的摩擦阻力损失为：

$$\Delta p_f = \frac{32\mu l u}{d^2}, \quad \text{Pa} \tag{6-12}$$

上式与范宁公式相比可得：

$$\lambda = \frac{64\mu}{du\rho} = \frac{64}{Re}$$

(2) 局部阻力损失 Δp_f、阻力系数 ζ 的测定

流体流经阀门、突缩时，由于速度的大小和方向发生变化，流动受到阻碍和干扰，出现涡流而引起的局部阻力损失为：

$$\Delta p'_f = \zeta \frac{\rho u^2}{2}$$

式中 ζ——局部阻力系数，无因次。

对于测定局部管件的阻力，其方法是在管件前后的稳定段内分别有两个测压点。按流向

顺序分别为1、2、3、4点，在1—4点和2—3点分别连接两个差压传感器，分别测出压差为Δp_{14}、Δp_{23}。

2—3点总能耗可分为直管段阻力损失Δp_{f23}和阀门局部阻力损失$\Delta p'_f$，即

$$\Delta p_{23}=\Delta p_{f23}+\Delta p'_f$$

1—4点总能耗可分为直管段阻力损失Δp_{f14}和阀门局部阻力损失$\Delta p'_f$，1—2点距离与2点至管件距离相等，3—4点距离与3点至管件距离相等，因此

$$\Delta p_{14}=\Delta p_{f14}+\Delta p'_f=2\Delta p_{f23}-\Delta p'_f$$

以上联立解得：

$$\Delta p'_f=2\Delta p_{23}-\Delta p_{14}$$

则局部阻力系数为：

$$\zeta=\frac{2\cdot(2\Delta p_{23}-\Delta p_{14})}{\rho\cdot u^2} \tag{6-13}$$

同理，根据伯努利方程可导出突缩管阻力系数为

$$\zeta=\frac{2}{u^2}\left(\frac{2\Delta p_{23}-\Delta p_{14}}{\rho}+\frac{u_1^2-u_2^2}{2}\right)$$

6.3.3 实验装置与设备参数

（1）实验装置

如图6-3，水箱中的流体经过离心泵后，通过调节VA01调节管路流量，流经涡轮流量计及可更换管路进行各项实验，液体最终返回计量槽或水箱；层流实验通过调节VA03，VA05全程关闭，控制高位槽液位，使高位槽处于溢流状态，调节高位槽底部VA04（实际操作全开VA04，调节FI03调节流量）阀门控制管路流量，液体最终返回计量槽或水箱。

（2）设备的主要技术数据

离心泵：不锈钢材质，电压380V，功率0.55kW，流量$6m^3/h$，扬程12m。

循环水箱：PP材质，710mm×490mm×380mm（长×宽×高），95L。

涡轮流量计：有机玻璃壳体，$0.5\sim10m^3/h$，精度0.5%。

涡轮流量计：有机玻璃壳体，$0.06\sim0.8m^3/h$，精度0.5%。

转子流量计：4~40L/h，水，宝塔接口。

U形压差计：±2000Pa。

传感器：差压变送器1（PDI01）：测量范围0~40kPa；
差压变送器2（PDI02）：测量范围0~100kPa；
差压变送器3（PDI03）：测量范围0~100kPa；
压力变送器1（PI02）：测量范围0~600kPa；
压力变送器2（PI01）：测量范围-100~100kPa。

温度传感器：Pt100航空接头。

相对细管测量段尺寸：内径ϕ15mm，透明PVC，测点长1000mm；

相对粗管测量段尺寸：内径ϕ20mm，透明PVC，测点长1000mm；

粗糙细管测量段尺寸：内径ϕ15mm，透明PVC，测点长1000mm；

粗糙粗管测量段尺寸：内径ϕ20mm，透明PVC，测点长1000mm。

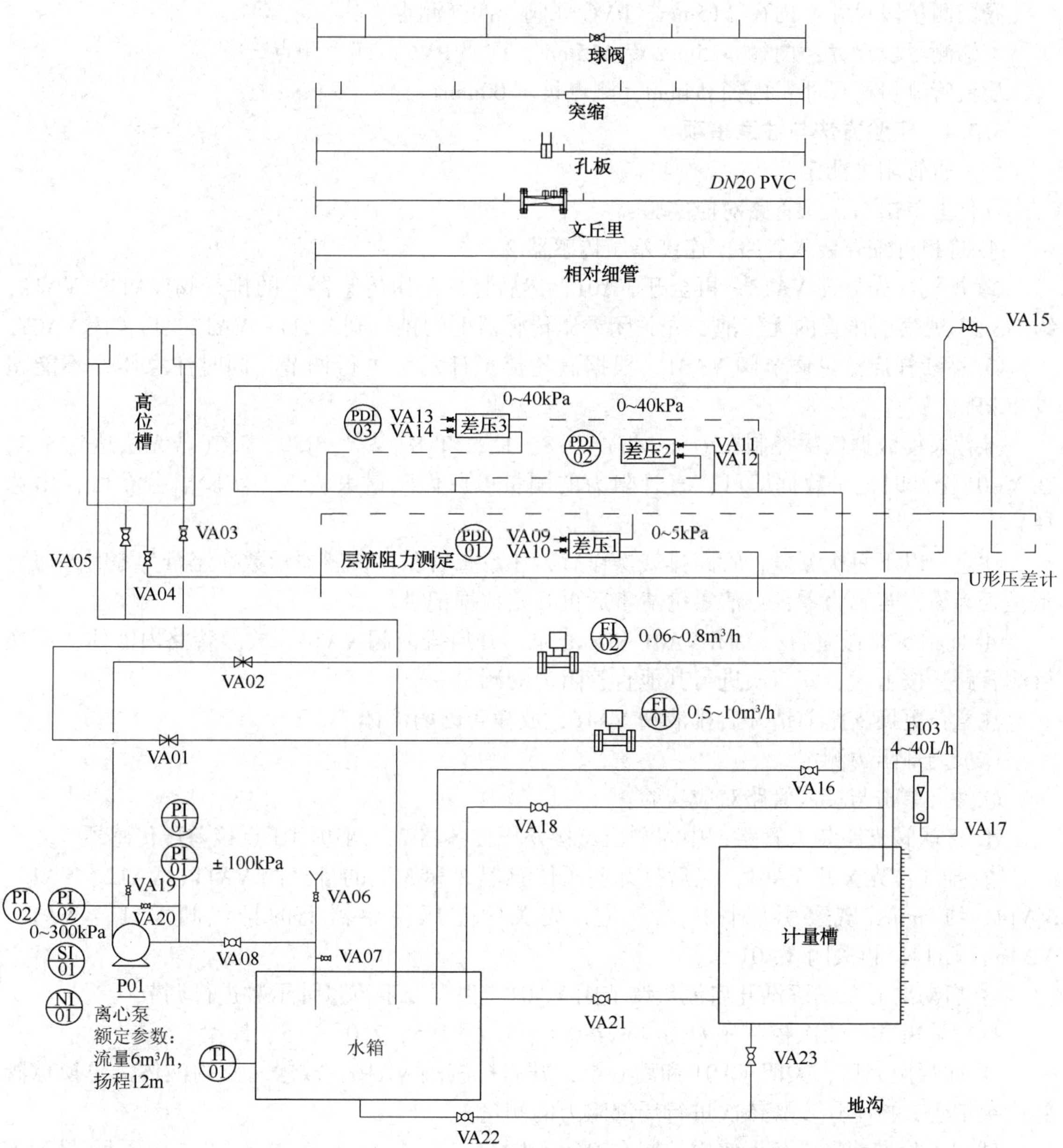

图 6-3 流体力学综合实验装置流程示意图

阀门：VA01—流量调节阀；VA02—流量调节阀；VA03—高位槽上水阀；VA04—层流管开关阀；VA05—高位槽放净阀；VA06—灌泵阀；VA07—泵入口排水阀；VA08—泵入口阀；VA09，VA10—差压 1 排气阀；VA11，VA12—差压 2 排气阀；VA13，VA14—差压 3 排气阀；VA15—U 形压差计排气阀；VA16—泵性能曲线实验管路阀门；VA17—层流管流量调节阀；VA18—主管路阀门；VA19，VA20—离心泵进出口压力测量管排气阀；VA21—计量槽排水阀；VA22—水箱放净阀；VA23—计量槽放净阀

温度：TI01—循环水温度

流量：FI01—湍流测量管路流量，$0.5\sim10m^3/h$；FI02—过渡流测量管路流量，$0.06\sim0.8m^3/h$；FI03—层流测量转子流量计流量，4~40L/h

差压：PDI01—压差测量 1；PDI02—压差测量 2；PDI03—压差测量 3；PI01—泵入口压力；PI02—泵出口压力

阀门测量段尺寸：内径 ϕ15mm，PVC 球阀，四个测点。

突缩测量段尺寸：内径 ϕ25mm 转 ϕ15mm，透明 PVC，四个测点。

层流管测量段尺寸：内径 ϕ4mm，测点长 1000mm。

6.3.4 实验方法与注意事项

(1) 直管阻力测定

软件上单击与接入管路对应实验：

① 将相对细管装入管路，连接差压传感器 2。

② 排气：先打开 VA18，再全开 VA01，然后打开差压传感器上的排气阀 VA11、VA12，约 1min，观察引压管内无气泡，先关闭差压传感器上的排气阀 VA11、VA12，再关闭 VA01。

③ 逐渐开启流量调节阀 VA01，根据涡轮流量计示数进行调节，同时注意压差不能超过 40kPa。

推荐采集数据依次控制在 $Q(m^3/h)$= 0.8、1.2、1.8、2.7、4.0、5.5(若无法达到 5.5，在 VA01 全开时记录数据即可，直管阻力的测量可以做到最大流量，实验点分布可自由选择)。

注意：以下每次测量，管路排气操作后，注意查看压差传感器示数在流量为零时差压显示是否为零，若不为零，点清零键清零后再开始数据记录。

④ 此项实验做完后，关闭 VA01 和离心泵，开启排液阀 VA16，放净管路内液体，更换待测管路，按上述步骤依次进行其他直管阻力的测量。

注意：更换支路前请开启排液阀 VA16，放净管路内液体。

(2) 局部阻力测定

软件上单击与接入管路对应实验：

① 将球阀支路装入管路，中间测压点接差压传感器 2，两边测压点接差压传感器 3。

② 排气：先全开 VA01，然后打开差压传感器 2 和 3 上的排气阀 VA11、VA12、VA13、VA14，约 1min，观察引压管内无气泡，先关闭差压传感器上的排气阀 VA11、VA12、VA13、VA14，再关闭 VA01。

③ 启动离心泵，逐渐开启流量调节阀 VA01，根据以下流量计示数进行调节。

推荐采集数据依次控制在 $Q(m^3/h)$= 0.8、1.2、1.5、2.0、2.5、最大。

④ 此管做完后，关闭 VA01 和离心泵，开启排液阀 VA16，放净管路内液体，更换球阀管为突缩管，按上述步骤依次进行局部阻力的测量。

球阀实验推荐采集数据依次控制在 $Q(m^3/h)$= 0.8、1.2、1.5、2.0、2.5、最大(最大流量以压差传感器示数不超过 40kPa 为标准即可)。

注意：更换支路前请开启排液阀 VA16，放净管路内液体。

(3) 层流管路阻力测量

软件上单击与接入管路对应实验：

① 首先启动离心泵，打开阀门 VA03，确认高位槽注满水后，调节阀门 VA03 维持高位槽稳定溢流。

② 开启层流管开关阀 VA04，U 形压差计排气阀 VA15，待 U 形压差计装满水后，开启层流流量调节阀 VA17，压差传感器 1 排气阀 VA09、VA10，观察各排气管，待气泡排净后，依次关闭压差传感器 1 排气阀 VA09、VA10，层流流量调节阀 VA17，层流管开关阀 VA04，

然后缓慢开启层流流量调节阀 VA17，待 U 形压差计左右水位高度调至 0 时，关闭层流流量调节阀 VA17，最后关闭 U 形压差计排气阀 VA15。

③ 开启阀门 VA04，逐渐调节阀门 VA17 开始层流管路测量。层流管路的测量采用压差传感器 1，流量由转子流量计直接读数，数据计算以 m^3/h 为单位。

(4) 注意事项

① 无论进行什么实验，支路上必须保证有管路模块连接。

② 层流管路使用差压变送器 1，球阀局部阻力及突缩局部阻力使用差压变送器 2 和差压变送器 3，其余管路的测量均使用差压变送器 2。

③ 在实验过程中，每调节一个流量，应待仪表数据稳定后方可记录。

6.3.5 实验数据记录

(1) 基本数据

(2) 实验数据列表(表 6-3)

表 6-3 流体流动阻力测定实验数据

(水温________℃，设备号________)

直管阻力测定	涡轮流量计，流量(Q)/(m^3/h)	Δp(压差 2)/kPa			流速/(m/s)	$Re\times10^{-4}$	λ
层流直管阻力测定	转子流量计，流量(Q)/(m^3/h)	U 形管高度差/mm	Δp(压差 1)/kPa		流速/(m/s)	$Re\times10^{-4}$	λ
局部阻力测定	涡轮流量计，流量(Q)/(m^3/h)	Δp(压差 2)/kPa	Δp(压差 3)/kPa		流速/(m/s)	$Re\times10^{-4}$	λ
突缩管阻力测定	涡轮流量计，流量(Q)/(m^3/h)	Δp(压差 2)/kPa	Δp(压差 3)/kPa	流速 1/(m/s)	流速 2/(m/s)	$Re\times10^{-4}$	λ

6.3.6 思考题

① 启动离心泵前要注意什么问题？

② 使用倒U形压差计前为什么要进行排气操作？如何排气？

③ 测压孔的大小与位置、测压导管的粗细与长短对实验结果有无影响？

6.4 离心风机性能测定实验

6.4.1 实验目的

① 测定离心风机性能，画出性能曲线图；

② 观察固体颗粒在旋风分离器内的运动状况，测定旋风分离器内的径向压力；

③ 测定流化床压降 Δp 与空塔气速 u 的关系曲线。

6.4.2 实验原理

(1) 离心风机实验

离心风机的主要性能参数有风量、风压、轴功率和效率，由实验可测得它们之间的关系，所测出的关系曲线即为离心风机的特性曲线。离心风机的特性曲线一般由 H_T-Q、N-Q 及 η-Q 三条曲线组成。

① 离心风机的风量 Q。

离心风机的风量是单位时间内从风机出口排出的气体体积，以 Q 表示，其表达式为：

$$Q=uA \tag{6-14}$$

式中 Q——离心风机的风量，m^3/s；

u——风机出口平均速度，m/s；

A——风机出口管道截面积，m^2。

实验中风机出口流量计为测速管式(笛式)流量计，测量点在管道中心处，所测到的风量为最大风量，以 Q_{max} 表示，则：

$$Q_{max}=u_{max}A \tag{6-15}$$

$$Re_{max}=\frac{du_{max}\rho_0}{\mu} \tag{6-16}$$

$$u_{max}=\sqrt{2\Delta h}=\sqrt{\frac{2g(\rho_1-\rho_0)R}{\rho_0}} \tag{6-17}$$

式中 Re_{max}——最大流速对应的雷诺数；

u_{max}——流体最大流速，m/s；

ρ_1——水的密度，kg/m^3；

ρ_0——空气的密度，kg/m^3；

R——压差计读数，m。

根据 Re_{max}，查 u/u_{max}-Re_{max} 的关系图，得出 u/u_{max} 值即可求出 u 值，从而求出风量 Q 值。

② 离心风机的风压 H。

风压是单位体积的气体流过风机所获得的能量，以 H 表示，由于风压的单位与压强的单位相同，故称为风压。目前风压理论上没有精确的计算方法，而是由实验测定。在实验中通过测定风机进、出口处的气体的流速与压力的关系数据，在风机入口和出口截面之间列伯努利方程来计算风压。

$$\rho Z_{入} g+p_{入}+\rho \frac{u_{入}^{2}}{2}+H=\rho Z_{出} g+p_{出}+\rho \frac{u_{出}^{2}}{2}+H_{f入-出} \tag{6-18}$$

$$H=\rho(Z_{出}-Z_{入})g+(p_{出}-p_{入})+\rho \frac{u_{出}^{2}-u_{入}^{2}}{2}+H_{f入-出} \tag{6-19}$$

式中，$H_{f入-出}$是泵的入口和出口之间管路内的流体流动阻力，与伯努利方程中其他项比较，$H_{f入-出}$值很小，故可忽略。$Z_{出}-Z_{入}=0$，$A_{入}=\infty$，$u_{入}=0$，$p_{入}$的表压为零，于是式(6-19)变为：

$$H=p_{出}+\frac{u_{出}^{2}}{2}\rho \tag{6-20}$$

将测得的$p_{出}$值以及计算所得的$u_{出}$代入式(6-20)即可求得H的值。

③ 离心风机的轴功率N。

功率表测得的功率为电动机的输入功率。风机由电动机直接带动，传动效率可视为1，所以电动机的输出功率等于风机的轴功率。即：

风机的轴功率N=电动机的输出功率，kW

电动机的输出功率=电动机的输入功率×电动机的效率

风机的轴功率=功率表的读数×电动机效率，kW

④ 离心风机的效率η。

$$\eta=\frac{N_{e}}{N} \tag{6-21}$$

$$N_{e}=\frac{HQ}{1000} \tag{6-22}$$

式中 η——风机的效率；

N_{e}——风机的有效功率，kW；

N——风机的轴功率，kW；

H——风压，Pa。

（2）旋风分离器实验

旋风分离器是利用惯性离心力的作用从气流中分离出尘粒的设备。含尘气体由上部的进气管切向进入，受器壁的约束向下作螺旋运动，在惯性离心力作用下，颗粒被抛向器壁而与气流分离，再沿壁面落至锥底的排灰口。净化后的气体在中心轴附近由下而上做螺旋运动，最后从顶部排出。旋风分离器内的静压强在器壁附近最高，往中心逐渐降低，可降至出口压强以下。

（3）流化床实验

将固体颗粒悬浮于流动的流体之中，并在流体作用下使颗粒作翻滚运动，类似于液体的沸腾，这种状态称为固体流态化。当流体自下而上流过颗粒床层时，随流速的加大，会出现三种不同的情况：一是固定床阶段，二是流化床阶段，三是气流输送阶段，不同的阶段可通过流化床压降Δp与空塔气速u的关系来反映。空塔气速u由孔板流量计测定，其计算式为：

$$u=\frac{d_{o}^{2}}{D^{2}}C_{0}\sqrt{\frac{2g(\rho_{1}-\rho_{0})R}{\rho_{0}}} \tag{6-23}$$

式中 d_{o}——孔板孔径，m；

D——旋风分离器直径，m；

C_0——流量系数；

R——压差读数，m。

6.4.3 实验装置与设备参数

(1)实验装置

实验装置如图 6-4 所示。

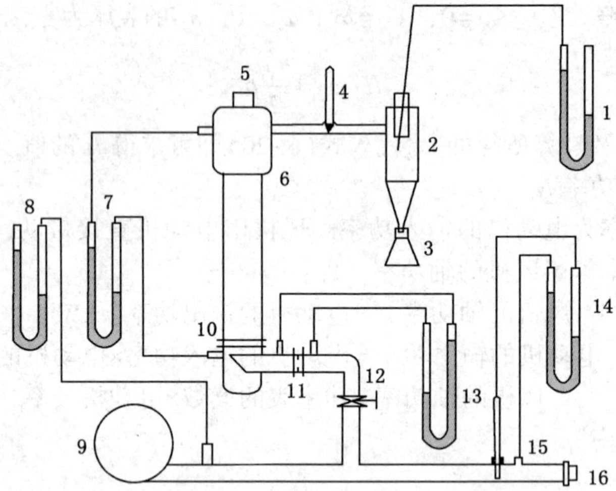

图 6-4 离心风机性能测定、流化床及旋风分离器流程示意图

1—旋风分离器径向压差计；2—旋风分离器；3—收集瓶；4—温度计；5—出料口；6—流化床；7—塔内压差计；8—风机出口压力计；9—离心风机；10—丝网；11—孔板流量计；12—闸板阀；13—孔板流量计压差计；14—测速管压差计；15—测速管；16—流量控制装置

(2) 设备参数

① 通风机：上海兴益电器厂 BYF7132 型三相低噪声中压风机，最大出口风压为 1.7kPa，电机功率为 0.55kW，风机入口为常压，风机出口管内径 $d_2=0.086$m，风机入口与风机出口测压位置之间的垂直距离 $h_0=0.0$m；

② 实验管路 $d=0.086$m；

③ 电机效率为 60%；

④ 流化床直径 75mm(玻璃材料)；

⑤ 旋风分离器直径 $D=60$mm；

⑥ 流量测量：

风机性能测定设备采用笛式流量计测量流量(流量系数 $C_0=1.0$)；

流化床设备采用孔板流量计测量流量(孔板孔径=0.035m，流量系数 $C_0=0.61$)；

风机出口压力的测量采用 U 形管压差计；

流化床压差的测量采用 U 形管压差计；

⑦ 功率测量：

功率表：型号 PS-139；精度 1.0 级。

6.4.4 实验方法与注意事项

(1) 实验方法

① 启动风机；

② 测定风机性能：先关闭阀门12，用流量控制装置16调节5~6次流量，分别记录笛式流量计压差、出口压力和功率表读数；

③ 测定流化床压降：将阀门12打开，调节5~6次流量，分别记录孔板流量计压差及塔内压差；

④ 测量旋风分离器径向压力。

(2) 注意事项

当使用风机性能测定系统时，务必将阀门12关闭。

6.4.5 实验数据记录

(1) 基本数据

(2) 实验数据列表(表6-4、表6-5)

表6-4 离心风机性能实验数据(设备号=　　　　)

序号	流量计压差/ mmH_2O	出口压力/ mmH_2O	电机功率/ kW	流速/ (m/s)	流量/ (m^3/s)	压头/ m	泵轴功率/ kW	η/ %
1								
2								
3								
4								
5								
6								
7								

表6-5 流化床实验数据

序号	流化床压降/ mmH_2O	孔板流量/ mmH_2O	空气流量计处空气温度/℃	空气流量/ (m^3/s)	塔内气速/ (m/s)	操作现象
1						
2						
3						
4						
5						
6						
7						

6.4.6 思考题

① 做离心风机性能测定实验时应采用什么方法测定空气流量？

② 简述在测定旋风分离器内径向压力时应注意的问题。

6.5 恒压滤饼过滤实验

6.5.1 实验目的

① 了解吸滤过程原理及操作方法；

② 测定不同压差下的恒压过滤常数 K 及过滤介质常数 q_e、θ_e；

③ 测定滤浆特性常数 k 及滤饼的压缩性指数 s。

6.5.2 实验原理

实验悬浮滤浆物系为水-碳酸钙，以织状滤布为过滤介质，采用真空吸滤方式进行过滤。控制吸滤真空度恒定在选定值，此时过滤推动力恒定，操作为恒压过滤。水穿透多孔滤布成为滤液流入集液瓶，固体颗粒碳酸钙被截留在介质上成为滤渣。随着过滤时间的延长，滤渣不断增厚，阻力逐渐增大，过滤速率逐渐变小。

实验在恒定真空度下对水-碳酸钙滤浆进行恒压过滤操作，通过恒压过滤方程即可求出常数 K、q_e、θ_e 值。

恒压过滤方程式：

$$(q+q_e)^2=K(\theta+\theta_e) \tag{6-24}$$

$$q_e^2=K\theta_e \tag{6-25}$$

式中 q——单位过滤面积获得的滤液体积，m^3/m^2；

θ_e——过滤介质的当量过滤时间，s；

θ——实际过滤时间，s；

q_e——单位过滤面积上的当量滤液体积，m^3/m^2；

K——过滤常数，m^2/s。

将式(6-24)微分得：

$$\frac{d\theta}{dq}=\frac{2}{K}q+\frac{2}{K}q_e \tag{6-26}$$

当各数据点的时间间隔不大时，$\frac{d\theta}{dq}$可以用增量之比$\frac{\Delta\theta}{\Delta q}$来代替，则式(6-26)改写为：

$$\frac{\Delta\theta}{\Delta q}=\frac{2}{K}q+\frac{2}{K}q_e \tag{6-27}$$

实验中以集液瓶的滤液达到 100 mL 刻度时开始计时。为了能够准确计量过滤时间及收集滤液量，计时前产生的滤液量可视为常量，以 q'表示，这些滤液对应的滤饼视为过滤介质以外的另一层过滤介质，在整理数据时应考虑进去，则式(6-27)应改写为：

$$\frac{\Delta\theta}{\Delta q}=\frac{2}{K}q+\frac{2}{K}(q_e+q') \tag{6-28}$$

$$q'=\frac{V'}{A}$$

此式为直线方程，直线斜率为$\frac{2}{K}$，截距为$\frac{2}{K}(q_e+q')$

式中 $\Delta\theta$——开始计时之后的过滤时间差，s；

Δq——单位过滤面积获得的滤液体积差，m^3/m^2；

A——过滤面积，m^2；

q'——计时之前系统内单位过滤面积获得的滤液体积，m^3/m^2；

V'——计时之前滤布内侧面至集液瓶的管路存有的滤液量，m^3。

实验中，记录每增加100mL滤液所需过滤时间，并算出相应的 q 值，然后在直角坐标系上标绘 $\frac{\Delta\theta}{\Delta q}$ 与 $\bar{q}$ 间的对应点，即得出一直线，由直线斜率 $\frac{2}{K}$ 及截距 $\frac{2}{K}(q_e+q')$ 的数值便可求得 K 与 q_e，再以 $\theta=0$、$q=0$ 代入过滤方程式 $(q+q_e)^2=k(\theta+\theta_e)$ 中即可求出 θ_e 值。

恒压过滤常数 K 是由物料特性及过滤压差所决定的常数：

$$K=2k\Delta p^{1-s} \tag{6-29}$$

式中　k——滤浆的特性常数，$m^4/(N\cdot s)$ 或 $m^2/(Pa\cdot s)$；

s——滤饼压缩性指数；

Δp——过滤压差，Pa。

忽略滤浆槽液位高于滤布所产生的静压力，则

$$\Delta p=p-h\rho g$$

式中　p——操作真空度，Pa；

h——滤布至真空阀的垂直距离，m（$h=560$mm）；

ρ——流体密度，kg/m^3；

g——重力加速度，m/s^2。

将式(6-29)两端取对数，得：

$$\lg K=(1-s)\lg\Delta p+\lg(2k) \tag{6-30}$$

实验是恒压操作，对实验的滤液黏度 μ、单位压强差下滤饼的比阻 r' 及滤饼体积与滤液体积的比值 υ 都视为常数，令 $k=\frac{1}{\mu r'\upsilon}$ = 常数，故 $\lg K$ 与 $\lg\Delta p$ 的关系在普通坐标纸上标绘成直线关系，直线斜率为 $1-s$，截距为 $\lg(2k)$。在若干不同的压强差下对指定的物料进行实验，求得各压强差下的过滤常数 K，然后对 K-Δp 数据进行处理，即可得出滤饼压缩性指数 s 及滤浆特性常数 k。

6.5.3　实验装置及设备参数

(1) 实验装置(图6-5、图6-6)

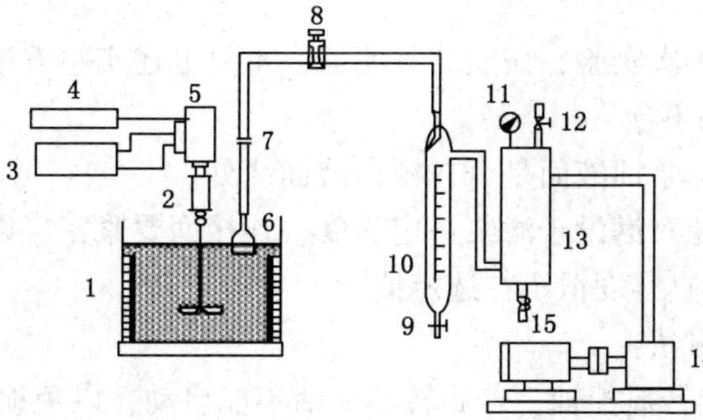

图6-5　过滤实验装置流程图

1—滤浆槽；2—轴承；3—调速器；4—扭矩传感器；5—搅拌电机；6—过滤器；7—过滤器接口；8—真空阀；9—放液阀；10—集液瓶；11—真空表；12—放空阀；13—缓冲罐；14—真空泵；15—排液阀

(2) 设备参数

不锈钢过滤器：$d_1=74$mm；$d_2=17$mm；$h_1=10$mm；$h_2=550$mm

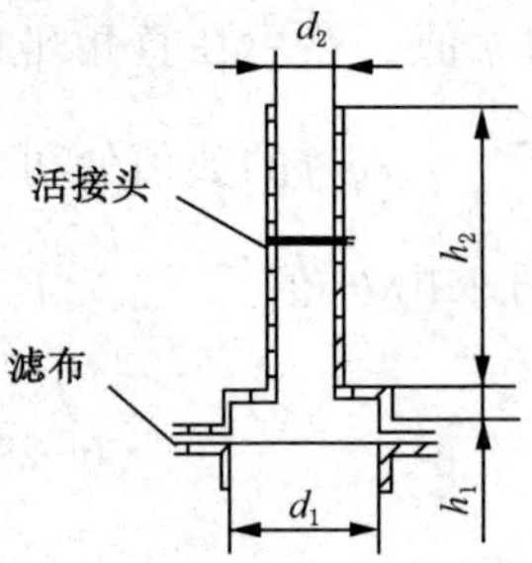

图 6-6 过滤器结构图

真空泵型号：XZ-1 旋片式真空泵
极限压力：6.7Pa(5×10^{-2}mmHg)
抽速：1L/s
转速：1400r/min
功率：180W
搅拌器型号：KDZ-1
功率：160W
转速：3200r/min
搅拌釜直径：350mm

6.5.4 实验方法与注意事项

(1) 实验方法

① 配制一定浓度的碳酸钙悬浮滤浆倒进滤浆槽，其液面高度如图 6-5 所示；

② 将调速器旋钮调至零位，启动电动搅拌器，缓慢调节调速器旋钮至合适的搅拌速度(浆液不出现旋涡)；

③ 待槽内浆液搅拌均匀，将过滤器按流程图 6-5 安装好后，打开放空阀 12，关闭真空阀 8 及放液阀 9；

④ 启动真空泵 14，用放空阀 12 及时调节系统内的真空度，使真空表的读数稍大于选定值；

⑤ 打开真空阀 8 进行吸滤，注意控制真空表的读数恒定在选定值；

⑥ 当集液瓶滤液达到 100mL 刻度时按表计时，作为恒压过滤时间的零点；

⑦ 记录滤液每增加 100mL 所用的时间，当集液瓶读数为 800mL 时停止计时，并立即关闭真空阀 8，全开放空阀 12，停真空泵；

⑧ 打开真空阀 8，利用液位高度差把吸附在过滤器上的滤饼压回槽内；

⑨ 打开集液瓶放液阀 9，放出滤液并倒回滤浆槽内，以保证滤浆浓度恒定。卸下过滤器洗净待用；

⑩ 若改变操作条件再次实验，需安装过滤器、重复上述实验方法④~⑨的操作。

(2) 操作时应注意的事项

① 检查真空泵的真空泵油液面是否在视镜液面线处。

② 过滤器安装应使滤布潜没于滤浆一定深度，连接面要紧密，以防漏气。

③ 用放空阀 12 控制真空度恒定在选定值。

④ 电动搅拌器使用方法：

(a) 启动前，用手旋转搅拌轴，若旋转不灵活不能启动，以免损坏搅拌电机；

(b) 将调速器指针调至零位(不允许高速挡位启动)；

(c) 打开调速器开关；

(d) 停调速器时，先将调速器指针调至零位，后关调速器。

6.5.5 实验数据记录

(1) 基本数据

(2) 实验数据列表(表 6-6、表 6-7)

表 6-6 过滤实验数据

操作参数				____ MPa， ____ ℃		____ MPa， ____ ℃		____ MPa， ____ ℃	
序号	V/mL	q/(m^3/m^2)	$\bar{q}$/(m^3/m^2)	$\Delta\theta$/s	($\Delta\theta/\Delta q$)/(s/m)	$\Delta\theta$/s	($\Delta\theta/\Delta q$)/(s/m)	$\Delta\theta$/s	($\Delta\theta/\Delta q$)/(s/m)
1									
2									
3									
4									
5									
6									
7									
8									
9									

表 6-7 过滤实验结果

序号	斜率/(s/m^2)	截距/(s/m)	压差 Δp/Pa	K/(m^2/s)	Q_e/(m^3/m^2)	θ_e/s
1						
2						
3						
k= m^2/(Pa·s)			s=			

6.5.6 思考题

① 本次过滤实验属于哪种过滤形式？

② 每次实验结束关真空泵后为什么要开真空阀？集液瓶滤液为什么要倒回槽内？

③ 集液瓶滤液浑浊是什么原因？

④ 为什么集液瓶滤液每增加 100mL 所需的时间越来越长？

6.6 恒压板框过滤实验

6.6.1 实验目的

① 掌握过滤的基本方法；

② 熟悉恒压滤机的构造和操作流程；

③ 掌握在恒压下过滤常数 K、当量滤液体积 q_e 的求取；

④ 通过压力改变，体现操作压力对过滤速率的影响。

6.6.2 实验原理

过滤是一种常用的单元操作过程。过滤的方式很多，有重力过滤、离心过滤、真空过滤、板框过滤等。恒压过滤是板框过滤的一种形式，是在一定的压强差作用下迫使悬浮液通过多孔介质，从而将固体颗粒截留，同时让液体通过介质。实际上过滤也是一种使流体通过颗粒层的流动方式。因为过滤装置简单，投资小，操作简便，常用于液固悬浮液的分离操作，在化工、冶金、制药、精细化工行业应用广泛。

在实际应用恒压过滤方程和恒速过滤方程解决计算或进行工业设计时，必须先要测知方程中的过滤常数 K，θ_e，q_e。过滤常数的测定是用操作中所需处理的悬浮液在装置中进行的。

板框压滤机是具有较长历史的间歇过滤设备，板和框一般制成正方形，板和框都在其对角线上开着四个圆孔，组装压紧后即构成供滤液、滤浆和洗涤液流动的通道。

过滤时悬浮液在一定的压差下经滤浆通道由滤框角端的暗孔进入框内；滤液分别穿过两侧的滤布，再经相邻滤板的凹槽汇集至滤液出口排走，固相则被截留于框内形成滤饼，待框内充满了滤饼，过滤即可停止。

若滤饼需要洗涤，要先关闭洗涤板下部的滤液出口，然后将洗涤液压入洗涤通道后，经洗涤板角端的侧孔进入两侧板面，洗涤液在压差作用下穿过一层滤布和整个滤框厚的滤饼层，然后再横穿一层滤布，由过滤板上的凹槽汇集至下部的滤液出口排出。

恒压条件下：

$$(q+q_e)^2=K(\theta+\theta_e) \tag{6-31}$$

$$q_e^2=K\theta_e \tag{6-32}$$

式中 q——单位过滤面积获得的滤液体积，m^3/m^2；

θ_e——过滤介质的当量过滤时间，s；

θ——实际过滤时间，s；

q_e——单位过滤面积上的当量滤液体积，m^3/m^2；

K——过滤常数，m^2/s。

将式(6-31)微分得：

$$\frac{d\theta}{dq}=\frac{2}{K}q+\frac{2}{K}q_e \tag{6-33}$$

当各数据点的时间间隔不大时，$\frac{d\theta}{dq}$可以用增量之比$\frac{\Delta\theta}{\Delta q}$来代替，则式(6-33)改写为：

$$\frac{\Delta\theta}{\Delta q}=\frac{2}{K}q+\frac{2}{K}q_e \tag{6-34}$$

式(6-34)表明恒压过滤情况下，在直角坐标系上标绘$\frac{\Delta\theta}{\Delta q}$与 $\bar{q}$ 间的对应点，即得出一直线，由直线斜率$\frac{2}{K}$及截距$\frac{2}{K}(q_e+q')$的数值便可求得 K 与 q_e，再以 $\theta=0$、$q=0$ 代入过滤方程式$(q+q_e)^2=K(\theta+\theta_e)$中即可求出 θ_e 值。

6.6.3 实验流程图(图 6-7 至图 6-9)

6.6.4 设备性能与主要技术参数

① 本实验装置主要由板框过滤机、空压机、电机搅拌器、计量槽、压力容器、控制阀、不锈钢框架、控制屏等组成。

② 板框过滤机的过滤面积为 $0.084m^2$(外形尺寸：0.200m×0.200m，有效过滤面积：0.150m×0.150m)，用帆布拦截过滤介质，由空压机提供压力，并且恒压可调。以碳酸钙和水混合成悬浮液，可完成过滤常数的测定实验。

③ 空压机采用 z-0.036 微型压缩机，排气量：$0.036m^3/h$；压力：0.7MPa；功率：0.75kW；转速：1200r/min。

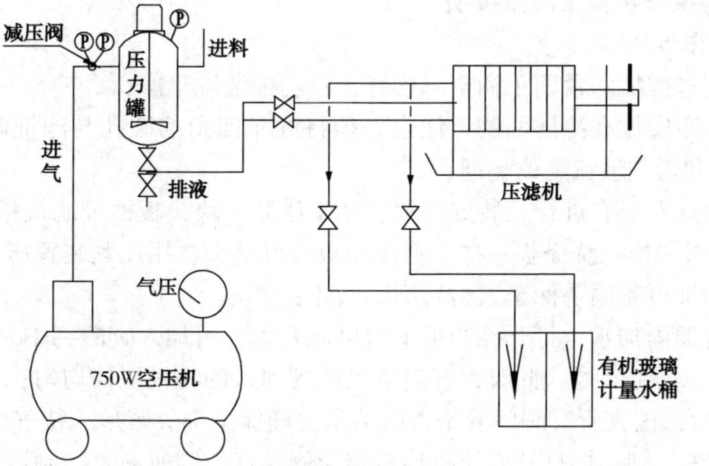

图 6-7　板框过滤实验流程图

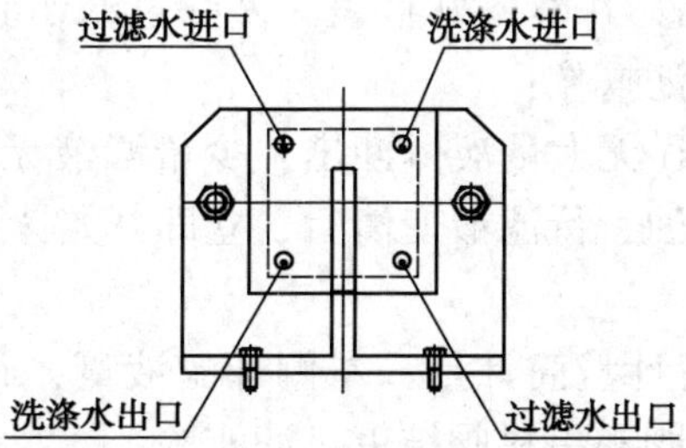

图 6-8　板框过滤机管路分布图

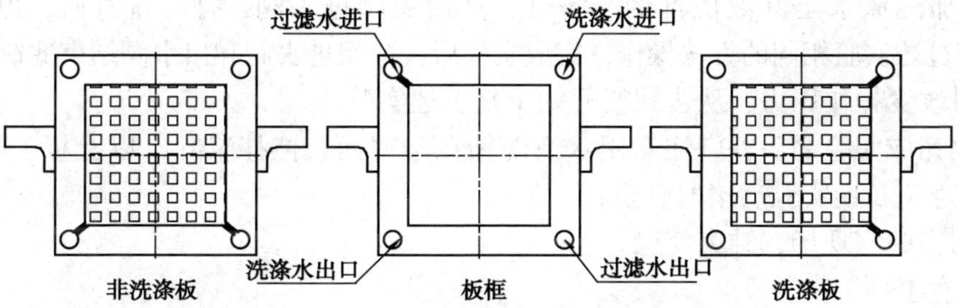

图 6-9　过滤板框结构

过滤板框安装顺序：固定头—非洗涤板—框—洗涤板—框—非洗涤板—框—洗涤板—固定头。

④ 压力容器(ϕ320mm×560mm，有效容积为 30L)的上面装有压力表(测量范围：0~0.6MPa，测量精度：2.5 级)，空压机入口给混合液加压，视镜可方便观察容器内的液位。

⑤ 盛渣槽：过滤时会有一点泄漏现象，为保证实验室的卫生用来盛泄漏的混合液。

⑥ 计量槽由有机玻璃制成，计量槽内的料浆储量以标尺显示液位高度。

⑦ 电机搅拌器：原 0~2800r/min，经减速器变为 0~200r/min(可调)。

⑧ 电控箱由不锈钢制成，装有减速器、电源开关和空压机开关，按下开关旋钮指示灯亮即相应的工作正在进行，沿开关旋钮上的箭头方向旋转则为关。

6.6.5 实验操作步骤及注意事项

（1）实验操作步骤

① 先将板框过滤机的紧固手柄全部松开，板、框清洗干净；

② 将干净滤布安放在滤框两侧，注意必须将滤布四角的圆孔与滤框四角的圆孔中心对正，以保证滤液和清洗液流道的畅通；

③ 安装时应从左至右进行，装好一块，用手压紧一块，板框过滤机板、框排列顺序为：固定头—非洗涤板—框—洗涤板—框—非洗涤板—可动头，用压紧装置压紧后待用；

④ 装完以后即可紧固手柄至人力转不动为止；

⑤ 往压力容器内加水，打开控制屏上的电源开关，再加入碳酸钙1kg(浓度4%)，使其搅拌均匀，至视镜的1/2处，此时，开启电机使其加入的物料搅拌均匀；

⑥ 约5min后，检查所有阀门看是否已关紧，确保全部关紧后，待气压达到0.4MPa后，打开压力容器的进气阀，再打开空压机出口转换阀送气，同时注意控制压力容器的进气阀的开度，控制混合釜压力表的指示值在0.1MPa，并一直维持在恒压条件下操作；

⑦ 先打开过滤机的出料阀，并准备好秒表，做好过滤实验的读数和记录准备，再打开板框过滤机的进料阀，开始过滤操作；

⑧ 注意观察板框是否泄漏(无大量液体冲出，少量漏液无妨)，确认正常后，观察滤液情况，一般开始出来的比较浑浊，待滤液变清后，立即开始读取计量槽的数据，并同时开始计时和记录相关实验数据；

⑨ 本装置的计量槽分左右计量筒计量，左侧计滤液量，右侧计洗水量，读取5组以上的实验数据后，即可关闭进料阀和出料阀结束过滤实验；

⑩ 如果需要做滤饼洗涤实验，则在结束过滤实验之后，关闭混合釜的进气阀，打开水槽的进水阀加洗涤水至其液位计的2/3处；然后关闭进水阀，打开进气阀，恒压在0.1~0.2MPa，按过滤实验相同的方法操作，完成实验后，关闭进水阀和出水阀结束滤饼洗涤实验；

⑪ 如果改变操作压力，从步骤②开始重复上述实验；

⑫ 每次完成实验之后，应注意用水清洗粘在釜壁面、搅拌桨叶，以及板、框和输料管上的残渣，避免长期实验后堵塞管道；

⑬ 清扫实验室现场，结束实验。

（2）注意事项

① 加气后应停止搅拌，将釜内压力保持在0.1~0.2MPa；

② 启动空压机时应先开启旁通阀，然后逐步减小开度；减压后的气体压力不得超过0.2MPa；

③ 设备的维修主要涉及空压机、电机，请参照有关的使用说明书和有关的电机手册；

④ 电动搅拌器为无级调速，使用时首先接上系统电源，打开调速器开关，调速钮一定由小到大缓慢调节，切勿反方向调节或调节过快损坏电机；

⑤ 启动搅拌前，用手旋转一下搅拌轴以保证顺利启动搅拌器；

⑥ 设备使用后，必须注意搅拌槽、阀门、水槽和计量槽的排污和清洗，并放净残液，清洗设备；

⑦ 设备安装调试好以后，尽量不要随意变动，以免影响使用；

⑧ 如果管道连接件泄漏，可用维修的活动扳手紧固连接螺母，或加密封生料带之后再

紧固，如果还不行，则必须更换管道接头或管道；

⑨ 平时应注意电机、空压机的加油和保养；

⑩ 卸开板框，将板框和滤布清洗干净，将滤饼返回配料槽。

6.6.6 实验结果与处理(表 6-8、表 6-9)

表 6-8 实验记录和数据整理

项目 \ 操作参数				______MPa，______℃	
序号	V/mL	q/(m^3/m^2)	$\bar{q}$/(m^3/m^2)	$\Delta\theta$/s	($\Delta\theta/\Delta q$)/(s/m)
1					
2					
3					
4					
5					
6					
7					
8					
9					

表 6-9 采用线性回归或作图求 K、q_e、θ_e

序号 \ 项目	斜率/(s/m^2)	截距/(s/m)	压差 Δp/Pa	K/(m^2/s)	q_e/(m^3/m^2)	θ_e/s
1						
2						

6.7 板式塔演示实验

6.7.1 实验目的

① 观察板式塔内部每块塔板上气-液流动情况；

② 测定各块塔板的压降；

③ 比较不同塔板的优缺点。

6.7.2 实验原理

塔设备是化工、生物、制药等生产过程中广泛采用的气液传质设备。板式塔内装有一定数量的塔板，气相以鼓泡状、蜂窝状、泡沫状或喷射形式穿过塔板上的液层，进行传热与传质。正常操作时，气相组成呈阶梯变化，属逐级接触逆流操作过程。

本实验是一个演示实验，塔内有 4 块不同结构的塔板，可观察不同操作条件下各种塔板的压降和实验现象，实验操作简单。

流量的测定用下式：

$$V=C_o\times A_o\times\sqrt{\frac{2g(\rho_1-\rho_0)\times R}{\rho_0}} \qquad (6-35)$$

$$A_o = \frac{\pi}{4} \times d_0^2$$

式中 V——流量，m^3/s；

C_o——孔板流量计孔流系数，$C_o = 0.67$；

d_0——流量计孔径，m；

R——孔板流量计读数，m；

ρ_0——空气的密度，kg/m^3；

ρ_1——水的密度，kg/m^3。

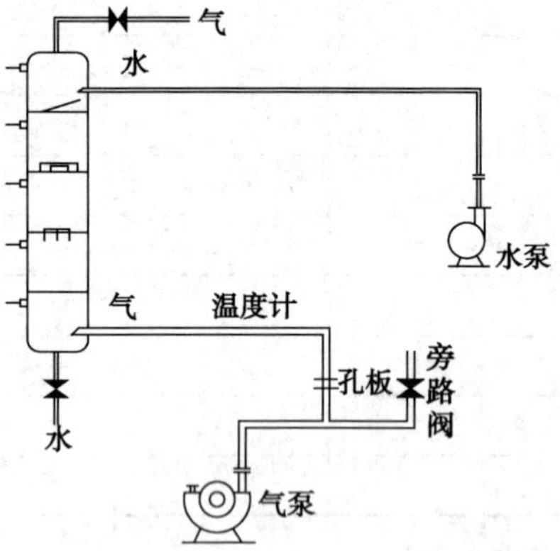

图 6-10　板式塔流程图

6.7.3　实验装置与设备参数

(1) 实验装置

空气由风机经孔板流量计输送到塔底，塔内由下向上的塔板依次是筛板、浮阀、泡罩、舌形塔板。

水由离心水泵经孔板流量计后由塔顶进入，与空气接触，由塔底流回至水箱内，如图 6-10 所示。

(2) 设备参数

XGB-2　旋涡气泵；

SZ-037　水泵；

板式塔　塔高：300mm；

塔径：ϕ100mm×5.5mm，材料为有机玻璃；

板间距：150mm；

空气孔板流量计　孔径：12mm。

6.7.4　实验方法与注意事项

(1) 实验方法

① 向水槽装入水至一定液面的高度，将空气旁路阀全开，启动旋涡气泵，再启动离心泵；

② 水流量为零时，调节空气旁路阀，改变 4~5 次空气流量，分别测定四块塔板的压降，并观察其实验现象；

③ 固定空气流量，改变 4~5 次水流量，分别测定四块塔板的压降，并观察其实验现象；

④ 固定空气流量，改变 4~5 次水流量，测定筛板塔塔板的压降，并观察其实验现象；

⑤ 固定不同的水流量，在不同的水流量下改变 4~5 次空气流量，测定筛板的压降，并观察其实验现象；

⑥ 实验结束，停离心泵，待塔内液体大部分流回塔底时再停旋涡气泵。

(2) 实验注意事项

① 实验开始先启动旋涡气泵后启动离心泵，实验完毕反之，这样避免板式塔内的液体灌入风机中；

② 实验过程中当改变空气流量或水流量时，必须待其稳定后观察其现象和测取数据。

6.7.5　实验数据记录

(1) 基本数据

(2) 实验数据列表(表 6-10 至表 6-12)

表 6-10 各板演示实验数据

(水温______℃,设备号______)

项目 \ 操作	水流量为零,改变空气流量				固定空气流量,改变水流量			
	1	2	3	4	1	2	3	4
空气流量压差/mmH_2O								
空气流量/(m^3/h)								
水流量/(L/h)								
筛板压降及实验现象								
浮阀塔板压降及实验现象								
泡罩塔板压降及实验现象								
舌形塔板压降及实验现象								

表 6-11 筛板演示实验数据(一)

(水温______℃,设备号______)

项目 \ 操作	第一次固定水流量,改变空气流量				第二次固定水流量,改变空气流量			
	1	2	3	4	1	2	3	4
水流量/(L/h)								
空气流量压差/mmH_2O								
空气流量/(m^3/h)								
筛板压降及实验现象								

表 6-12 筛板演示实验数据(二)

(水温______℃,设备号______)

项目 \ 操作	固定空气流量,改变水流量			
	1	2	3	4
空气流量压差/mmH_2O				
空气流量/(m^3/h)				
水流量/(L/h)				
筛板压降及实验现象				

6.7.6 思考题

① 结合实验现象说明不同塔板的压降随气、液两相流量的变化情况。

② 分析筛板塔板在不同水流量下,空气流量对塔内操作的影响。

6.8 萃取实验

6.8.1 实验目的

① 了解萃取塔的结构和特点,掌握其操作;

② 掌握传质单元数、传质单元高度及总传质系数的测定方法。

6.8.2 实验原理

液液萃取(简称萃取)是以液体混合物分离为目的的常用化工单元操作。其原理是在待分离的混合液中加入与之不互溶(或部分互溶)的萃取剂，形成共存的两个液相。利用原溶剂与萃取剂对混合液各组分溶解度的差异，使原溶液得到分离。

本实验在转盘式和桨叶式旋转萃取塔进行微分接触式萃取，以水为萃取剂，从煤油中萃取苯甲酸。煤油与苯甲酸的原料混合液为轻相，水为重相。在实验中，原料液中苯甲酸的浓度保持在 0.0015~0.0020kg 苯甲酸/kg 煤油之间为宜。轻相由塔底进入，作为分散相向上流动，经塔萃取后由塔顶流出；重相由塔顶进入，作为连续相向下流动至塔底经倒 U 形管流出，轻重两相在塔内呈逆向流动。在萃取过程中，部分苯甲酸通过相界面由原料液向萃取剂中扩散，并分别在塔顶和塔底得到萃余相(R 相)和萃取相(E 相)。萃取相及萃余相的浓度由滴定分析法测定。考虑水与煤油是完全不互溶的，且苯甲酸在两相中的浓度都很低，可认为在萃取过程中两相液体的体积流量不发生变化。

当溶液为稀溶液，且原溶剂与萃取剂完全不互溶时，微分萃取过程与填料塔吸收过程类似，萃取塔有效高度的计算可以仿照吸收操作处理。

$$H=H_{OE}N_{OE}=H_{OR}N_{OR} \tag{6-36}$$

式中 H——萃取塔有效高度，mm；

H_{OE}，H_{OR}——分别为以萃取相与萃余相计算的总传质单元高度，m；

N_{OE}，N_{OR}——分别为以萃取相与萃余相计算的总传质单元数。

以萃取相计算为例：

(1) 萃取相传质单元数 N_{OE} 计算

$$N_{OE}=\int_{Y_{Et}}^{Y_{Eb}}\frac{dY_E}{Y_E^*-Y_E} \tag{6-37}$$

式中 Y_{Et}——苯甲酸在进入塔顶萃取相中的质量比组成，kg 苯甲酸/kg 水，本实验中 $Y_{Et}=0$；

Y_{Eb}——苯甲酸在离开塔底萃取相中的质量比组成，kg 苯甲酸/kg 水；

Y_E——苯甲酸在塔内某一高度处萃取相中的质量比组成，kg 苯甲酸/kg 水；

$Y_E{}^*$——苯甲酸在塔内某一高度处与萃余相组成平衡的萃取相的质量组成，kg 苯甲酸/kg 水。

由于 $Y_E{}^*-X_R$ 图上的分配曲线(平衡曲线)不能视为直线，不能用对数平均浓度差等方法求解，可以通过平衡曲线与操作线求得 $\frac{1}{Y_E^*-Y_E}-Y_E$ 关系，再进行图解积分可求得 N_{OE}。对于水-煤油-苯甲酸物系，$Y_E{}^*-X_R$ 图上的分配曲线数据见附录七。

① 塔底轻相入口浓度 X_{Rb}：

$$X_{Rb}=\frac{V_{NaOH}N_{NaOH}M_{苯甲酸}}{10\times800} \tag{6-38}$$

② 塔顶轻相出口浓度 X_{Rt}：

$$X_{Rt}=\frac{V_{NaOH}N_{NaOH}M_{苯甲酸}}{10\times800} \tag{6-39}$$

③ 塔顶重相入口浓度 Y_{Et}：

本实验中使用自来水，故视 $Y_{Et}=0$。

④ 塔底重相出口浓度 Y_{Eb}：

$$Y_{Eb} = \frac{V_{NaOH} N_{NaOH} M_{苯甲酸}}{10 \times 1000} \tag{6-40}$$

⑤ 在画有平衡曲线的 $Y_E - X_R$ 图上再画出操作线，因为操作线必然通过两点，所以，在 $Y_E - X_R$ 图上找出以上两点，连结两点即为操作线。在 Y_{Et} 至 Y_{Eb} 之间，任取一系列 Y_E 值，可用操作线找出一系列的 X_R 值，再用平衡曲线找出一系列相应的 Y_E^* 值，并计算出一系列相应的 $\frac{1}{Y_E^* - Y_E}$ 值。

⑥ 在直角坐标方格纸上，以 Y_E 为横坐标，$\frac{1}{Y_E^* - Y_E}$ 为纵坐标，将 Y_E 与 $\frac{1}{Y_E^* - Y_E}$ 一系列对应值绘成曲线。在 Y_{Et} 至 Y_{Eb} 之间的曲线以下的面积为按萃取相计算的传质单元数。

（2）萃取相传质单元高度 H_{OE} 计算

$$H_{OE} = \frac{H}{N_{OE}} \tag{6-41}$$

式中 H——塔的有效传质高度，m。

（3）按萃取相计算的体积总传质系数

$$K_{Ya} = \frac{S}{H_{OE} A} \tag{6-42}$$

式中 A——塔的截面积，m^2；

S——水的流量，kg/h。

（4）煤油流量的换算

$$\frac{V_2}{V_1} = \sqrt{\frac{\rho_1(\rho_f - \rho_2)}{\rho_2(\rho_f - \rho_1)}} \tag{6-43}$$

式中 ρ_f——转子材质的密度，7900kg/m^3；

ρ_1——标定液体的密度，1000kg/m^3；

ρ_2——煤油的密度，800kg/m^3；

V_1——流量计的读数，L/h；

V_2——煤油的实际流量，L/h。

6.8.3 实验装置与设备参数

（1）实验装置(图 6-11)

（2）设备参数

① 萃取塔的几何尺寸(5~6 号设备参数，括号内数据为 1~4 号设备参数)：

塔径：D=37mm(60mm)

塔高：H=1000mm(1200mm)

塔的有效高度：H=750mm(1000mm)

② 水泵、煤油泵：磁力驱动泵

功率：180W　　扬程：8m

吸程：3m　　流量：30L/min

转速：2800r/min

③ 转子流量计：不锈钢材质

型号：LZB-4

流量：1~100L/h

精度：1.5 级

④ 无级调速器：

调速范围 0~1500r/min，无级调速，调速平稳。

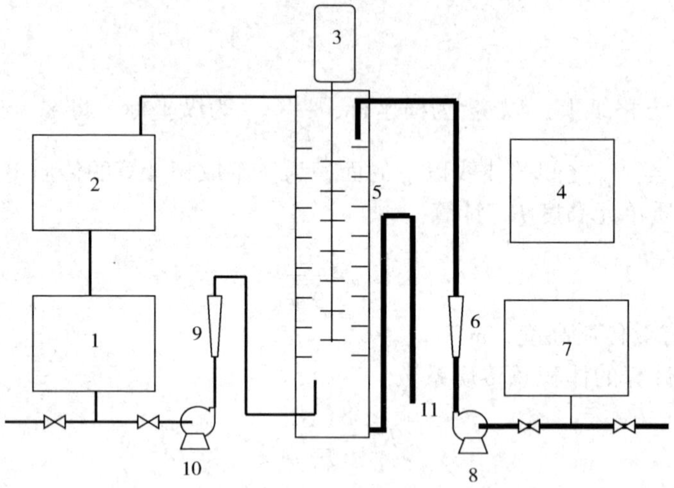

图 6-11 转盘式萃取流程示意图

1—轻相槽；2—萃余相(回收槽)；3—电机搅拌系统；4—电器控制箱；5—萃取塔；6—水流量计；7—重相槽；8—水泵；9—煤油流量计；10—煤油泵；11—萃取相导出

6.8.4 实验方法与注意事项

(1) 实验方法

① 配制质量浓度为 0.0015~0.0020 的煤油-苯甲酸混合液，倒入右边的储槽内至 2/3 高度；

② 将蒸馏水倒入左边的储槽内至 2/3 高度；

③ 接通电源，启动水泵，打开水流量计阀门和水旁路阀向塔内进水，当水液面升至塔上段时控制水流量稳定在 6~10L/h；

④ 启动煤油泵，打开煤油流量计阀门和煤油旁路阀向塔内进煤油，当煤油进至塔顶时，控制煤油流量 6~10L 稳定；

⑤ 控制各流量稳定在指定值，塔内煤油和水的分界面保持在轻相出口与重相入口中间；

⑥ 按电机开关，缓慢调节搅拌速度至 200r/min 进行第一次实验搅拌；

⑦ 搅拌操作稳定 20min 后，用锥形瓶采集各样品，并分析其浓度(塔顶轻相采集 50mL 左右，塔底轻相采集 50mL 左右，塔底重相采集 100mL 左右)；

⑧ 用移液管分别取塔顶轻相、塔底轻相的样品各 10mL，塔底重相 25mL，以酚酞做指示剂，用 0.01mol/L NaOH 标准溶液，进行酸碱中和滴定至终点，测出 NaOH 标准溶液的用量；

⑨ 缓慢调节搅拌速度 400r/min 进行第二次实验搅拌；

⑩ 按方法⑦、⑧采集各样品，并分析其浓度。

(2) 实验结束

① 缓慢调节调速旋钮至电压为零，关电机，停止搅拌；

② 关闭煤油流量计阀门和煤油旁路阀，停煤油泵；

③ 关闭水流量计阀门和水旁路阀，停水泵；

④ 关闭总电源；

⑤ 清洗、整理实验用具，一切复原，实验室保持整洁。

(3) 注意事项

① 调大搅拌电压时一定要缓慢，以免搅拌电机产生“飞速旋转”而被损坏；

② 在实验过程中，始终保持塔内分离段两相的相界面位于中间位置，要避免过高或过低，若两相界面过高，到达轻相出口的高度，则会导致重相混入轻相储罐；

③ 由于分散相和连续相在塔内滞留时间长，改变操作条件后，要有足够的稳定时间，否则误差极大；

④ 煤油的实际体积流量并不等于流量计的读数，必须用流量修正公式对流量计的读数进行修正。

6.8.5 实验数据记录

(1) 基本数据

(2) 实验数据列表(表 6-13、表 6-14)

表 6-13 萃取实验数据

Y_E	X_R	$Y_E{}^*$	$\frac{1}{Y_E^*-Y_E^*}$

表 6-14 萃取实验结果

项目			1	2
搅拌速度/(r/min)				
水转子流量计读数/(L/h)				
煤油转子流量计读数/(L/h)				
校正得到的煤油实际流量/(L/h)				
浓度分析	NaOH 溶液浓度/N			
	塔底轻相(X_{Rb})	样品体积/mL		
		NaOH 用量/mL		
	塔顶轻相(X_{Rt})	样品体积/mL		
		NaOH 用量/mL		
	塔底重相(Y_{Eb})	样品体积/mL		
		NaOH 用量/mL		
计算及实验结果	塔底轻相浓度(X_{Rb})			
	塔顶轻相浓度(X_{Rt})			
	塔底重相浓度(Y_{Eb})			
	水流量(S)/(kg/h)			
	煤油流量(B)/(kg/h)			
	传质单元数(N_{OE})(图解积分法)			
	传质单元高度(H_{OE})			
	体积总传质系数(K_{Ya})			

6.8.6 思考题

① 萃取设备的转速对萃取效果有何影响?

② 萃取操作时应注意什么问题?

③ 重相出口为什么采用倒 U 形管? 倒 U 形管的高度是怎么确定的?

④ 本实验传质单元数的求解方法为什么不能采用对数平均浓度差法去求解呢?

6.9 洞道干燥实验

6.9.1 实验目的

① 熟悉洞道干燥实验装置的构造、流程、工作原理和操作方法;

② 了解湿物料临界含水量 X_C 及干燥速率的影响因素，掌握不同干燥阶段的强化干燥途径;

③ 在恒定干燥操作条件下，测定湿物料干燥曲线、干燥速率曲线及临界含水量 X_C;

④ 计算恒速干燥阶段湿物料与热空气之间对流传热系数 α 及传质系数 k_H。

6.9.2 实验原理

干燥是利用加热的方式除去湿物料中湿分(常为水分)的操作，按照加热方式的不同可分为传导干燥、对流干燥、辐射干燥及电加热干燥，其中对流干燥是工业中采用较多的一种干燥操作。

对流干燥通常是利用不饱和热空气作为干燥介质，热空气作为载热体和载湿体，将热量传给湿物料，并转化为湿物料中水分汽化所吸收的潜热或湿物料部分显热，同时带走湿物料中水分汽化产生的水蒸气。

干燥实验的主要目的是测定干燥曲线和干燥速率曲线，干燥曲线是表示物料的干基含水量 X(kg 水/kg 绝干物料)和物料表面温度 T 与干燥时间 τ 的关系曲线，干燥速度曲线是表示干燥速率 U[kg 水/(s·m^2)]与物料干基含水量 X 的关系曲线。为了使实验结果与连续化的稳定生产过程更加接近，通常须营造一个恒定的干燥实验条件，即采用大量的空气干燥少量的物料，因此干燥过程中空气的状态如温度、湿度、气速及流动方式均可视为不变。本实验中的湿物料为安置在洞道内含有一定水分的混纺布物料，干燥介质由风机送至加热器加热到一定温度后送入洞道进行干燥操作，测定并记录湿物料的质量随干燥时间变化的情况，实验进行到物料的质量恒定为止，由实验结果可转化为干燥曲线和干燥速率曲线。

为了便于干燥计算，湿物料的含水量常以绝干物料的质量为基准的干基含水量表示，即

$$X=\frac{G-G_C}{G_C} \tag{6-44}$$

式中　X——湿物料的干基含水量，kg 水/kg 绝干物料；

G——湿物料的质量，kg；

G_C——绝干物料的质量，kg。

由实验数据代入式(6-44)，求得与干燥时间 τ_i 对应的含水量 X，即可标绘出干燥曲线 $X-\tau$。干燥速率是指单位时间内，单位干燥面积上所汽化的水分质量，即

$$U=\frac{dW'}{Sd\tau} \tag{6-45}$$

式中　U——干燥速率，　kg 水/(s·m^2)；

S——湿物料的面积，m^2；

W'——干燥湿物料操作中汽化的水分量，kg；

τ——干燥时间，s。

因

$$dW'=-G_C dX \tag{6-46}$$

所以式(6-45)改写为：

$$U=-\frac{G_C dX}{Sd\tau} \tag{6-47}$$

式中，负号表示湿物料干基含水量 X 随干燥时间的变化方向与 W' 随干燥时间的变化方向相反。

式(6-47)中 $dX/d\tau$ 为干燥曲线的斜率，因此可由干燥曲线变换成表达 $U-X$ 关系的干燥速率曲线。

纵坐标干燥速率 U 可用差分式计算，则式(6-47)改写为：

$$U=-\frac{G_C\Delta X}{S\Delta\tau}=-\frac{G_C}{S}\times\frac{X_{i+1}-X_i}{\tau_{i+1}-\tau_i} \tag{6-48}$$

横坐标 X 为两次记录之间的平均含水量 X_{AV} 为：

$$X_{AV}=\frac{X_i+X_{i+1}}{2} \tag{6-49}$$

干燥速率曲线(图 6-12)将显示出干燥过程的如下阶段:

① 物料预热阶段:湿物料与热空气接触时,温度逐渐升高至空气的湿球温度;

② 恒速阶段:湿物料的含水量以恒定速度不断减少,即干燥速率保持不变;

③ 降速阶段:湿物料的干燥速率逐渐下降,达到平衡含水量时,干燥速率降为零。

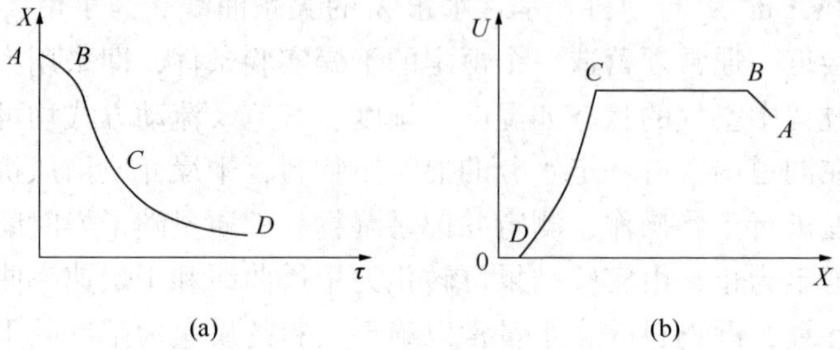

图 6-12 干燥曲线和干燥速率曲线

由于预热阶段较为短暂,通常将预热阶段并入恒速阶段,则干燥过程分为恒速阶段和降速阶段,两个阶段干燥速率曲线的交点称为干燥过程的临界点,该交点的含水量称临界含水量 X_C,干燥速率为临界干燥速率 U_C。

影响临界含水量 X_C 的因素有:湿物料的特性、湿物料的形态和大小、湿物料与干燥介质的接触状态以及干燥介质的条件(空气的温度、湿度、气速及流动方式)等。

由于恒速干燥阶段湿物料表面和空气间的传热和传质过程与测湿球温度情况基本相同,则可以仿照湿球温度的处理方法,计算恒速干燥阶段湿物料与热空气之间对流传热系数 α 及传质系数 k_H,即

$$\frac{dQ'}{Sd\tau}=\alpha(t-t_w) \tag{6-50}$$

$$U_C=\frac{dW'}{Sd\tau}=k_H(H_{s,t_w}-H) \tag{6-51}$$

实验中恒定空气的温度、湿度、气速及流动方向不变,则传热系数 α 和传质系数 k_H 保持恒定,而且 $(t-t_w)$ 及 $(H_{s,t_w}-H)$ 也为恒定值,所以,湿物料和空气间的传热速率及传质速率均保持不变。

因为,在恒速干燥阶段,空气传给湿物料的潜热等于水分汽化所需的汽化热,即

$$dQ'=r_{t_w}dW' \tag{6-52}$$

将式(6-52)代入式(6-50)及式(6-51)整理得

$$U_C=\frac{dW'}{Sd\tau}=\frac{dQ'}{r_{t_w}Sd\tau}=k_H(H_{s,t_w}-H)=\frac{\alpha}{r_{t_w}}(t-t_w) \tag{6-53}$$

所以

$$\alpha=\frac{U_C\gamma_{tw}}{t-t_w} \tag{6-54}$$

$$k_H=\frac{U_C}{H_{s,t_w}-H} \tag{6-55}$$

式中　α——恒速干燥阶段空气对湿物料的给热系数，W/(m^2·℃)；

Q'——操作中空气传给湿物料的总热量，kJ；

U_C——恒速干燥阶段的干燥速率，kg 水/(s·m^2)；

r_{t_w}——湿球温度下水的汽化潜热，kJ/kg；

t——空气的干球温度,℃；

t_w——空气的湿球温度,℃；

k_H——以湿度差为推动力的气相传质系数，kg 水/(s·m^2·ΔH)；

H_{s,t_w}——t_w 时空气的饱和湿度，kg/kg 绝干空气；由 t_w 通过湿空气的 H-I 图表查得；

H——空气的湿度，kg/kg 绝干空气。

6.9.3　实验装置与设备参数

装置由离心式风机送风，先经过一圆管经孔板流量计测风量，经电加热室加热后，进入方形风道，流入干燥室，再经方变圆管流入蝶阀可手动调节流量，流入风机进口，形成循环风洞干燥。

为防止循环风的湿度增加，保证恒定的干燥条件，在风机进出口分别装有两个阀门，风机出口不断排放出废气，风气进口不断流入新鲜气，以保证循环风湿度不变。

为保证进入干燥室的风温恒定，保证恒定的干燥条件，电加热的二组电热丝采用自动控温，具体温度可人为设定。

实验有三个计算温度，一是进干燥室的干球温度 TIC01(为设定的仪表读数)，二是进干燥室的湿球温度 TI02，三是流入流量计处用于计算风量的温度 TI01，其位置如图 6-13 所示。

装置管道系统均由不锈钢板加工，电加热和风道采用保温。

(1) 实验流程图(图 6-13)

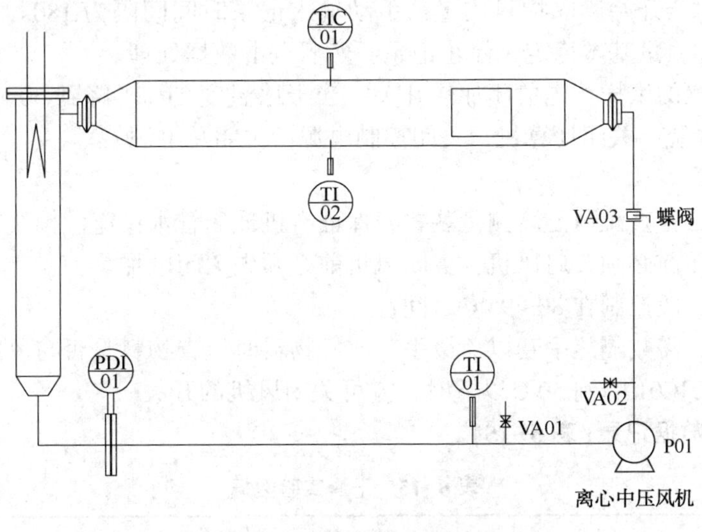

图 6-13　风洞干燥实验装置流程图

TIC01—干球温度；TI01—风机出口温度；TI02—湿球温度；PDI01—孔板压差；VA02—风机进口闸阀；VA01—风机出口球阀；VA03—蝶阀

(2) 设备仪表参数

中压风机：全风压 2kPa，风量 16m^3/min，功率 750W，电压 380V；

圆管内径：60mm；

风洞内方管尺寸：120mm×150mm(宽×高)；

湿物料尺寸：130mm×80mm×10mm(长×宽×厚)；

孔板流量计：全不锈钢，环隙取压，孔径46.48mm，孔面积比 $m=0.6$，孔板流量系数 $C_0=0.74$；

电加热：二组2×2kW，自动控温；

压差传感器：0~10kPa；

热电阻传感器：Pt100，显示分度0.1℃；

称重传感器：0~1000g，测量精度0.1g。

6.9.4 实验方法与注意事项

(1) 实验方法

① 称量干燥物料质量，并记录绝干质量，将待干燥物料浸水，使试样含有适量水分约70~100g(不能滴水)，以备干燥实验用。

② 检查风机进出口放空阀应处于开启状态，往湿球温度计小杯中加水。

③ 检查电源连接，开启控制柜总电源；启动风机开关，并调节阀门VA03，使仪表达到预定的风速值，一般孔板前后压差调节到800Pa左右；等加热稳定后再调节风量，升温后会影响风量。

④ 风速调好后，通过一体机触摸屏设定干球温度(一般在80~95℃之间)；开启加热开关，逐渐达到设定干球温度。

⑤ 放置湿物料前调节称重显示仪表，点击称重示数旁边“清零”按钮。

⑥ 状态稳定后(干、湿球温度不再变化)，将试样放入干燥室架子上，等物料质量不再上升，开始下降时候开始读取物料质量，手动输入记录时间间隔为180s，点击开始记录实验数据，直至试样质量基本稳定，停止记录，然后点击数据处理。

⑦ 取出被干燥的试样，先关闭加热开关；当干球温度TIC01降到50℃以下时，关闭风机的开关，退出系统，关闭计算机，关闭控制电源，关闭总电源。

(2) 注意事项

① 实验前务必检查湿球温度测量装置，保证有机玻璃管水位淹没棉线；

② 开加热电压前必须开启风机，关闭风机前必须先关闭电加热；

③ 干球温度一般控制在80~95℃之间；

④ 放物料时，需戴隔热手套以免烫手，放好物料时检查物料是否与风向平行；

⑤ 干球温度TIC01降到50℃以下时，方可关闭风机的开关。

6.9.5 实验数据记录(表6-15)

表6-15 干燥实验数据

项目	基本数据及操作参数						
	绝干物料质量/g	空气流量压差/kPa	空气进口温度/℃	干球温度/℃	湿球温度/℃	干燥面积/m^2	洞道面积/m^2

续表

项目/序号	实验数据记录及整理数据				
	累计时间/min	总重/g	干基含水量/(kg/kg 绝干物料)	平均含水量/(kg/kg 绝干物料)	干燥速率/[kg/(s·m^2)]
1					
2					
3					
4					
5					
6					
7					
8					
9					
10					
11					
12					
13					
14					
15					
16					
17					
18					
19					
20					
21					

6.9.6　思考题

① 如何提高干燥速率？

② 影响干燥速率的因素有哪些？

③ 干燥必要的条件是什么？

第 7 章　综合性及设计性实验

7.1　离心泵综合实验

7.1.1　实验目的

① 熟悉离心泵的操作，了解离心泵的结构和特性；

② 了解流量计的构造、安装和使用方法，掌握流量计的标定方法；

③ 测定文丘里流量计流量、孔板流量计与压差的关系及流量系数 C_0 与雷诺数 Re 的关系；

④ 测定离心泵在恒定转速下的特性曲线；

⑤ 测定管路的特性曲线。

7.1.2　实验原理

（1）流量计的标定

用涡轮流量计作为标准流量计来标定文丘里流量计的流量 V_s，每一个流量在压差计上都有一对应的读数，将压差计读数 Δp 和流量 V_s 在双对数坐标纸上绘制成一条曲线，即流量标定曲线。整理数据可进一步得到 C_0-Re 关系曲线。

① 本实验采用涡轮流量计直接测出流量 Q(m³/h)：

$$u=\frac{4Q}{3600\times\pi\times d^2},\ \text{m/s} \tag{7-1}$$

② 流体通过文丘里流量计或孔板流量计时产生的压强差，它与流量的关系为：

$$V_s=C_0A_0\sqrt{\frac{2\Delta p}{\rho}} \tag{7-2}$$

式中　V_s——被测流体(水)的体积流量，m^3/s；

C_0——流量系数，无因次；

A_0——流量计节流孔截面积，m^2；

Δp——文丘里流量计压差，Pa；

ρ——被测流体(水)的密度，kg/m^3。

③ 雷诺数计算：

$$Re=\frac{du\rho}{\mu} \tag{7-3}$$

（2）离心泵性能测定

离心泵的主要性能参数的流量、压头、轴功率及效率，其间的关系可由实验测得，测出的关系曲线称为离心泵的特性曲线。离心泵的特性曲线一般由 H-Q、N-Q、η-Q 三条曲线组成。

① $H-Q$ 曲线。

在泵的入口和出口之间列伯努利方程：

$$Z_1+\frac{p_1}{\rho g}+\frac{u_1^2}{2g}+H=Z_2+\frac{p_2}{\rho g}+\frac{u_2^2}{2g}+H_f \tag{7-4}$$

$$H=(Z_2-Z_1)+\frac{p_2-p_1}{\rho g}+\frac{u_2^2-u_1^2}{2g}+H_f \tag{7-5}$$

式中，H_f 是泵的入口和出口之间的流体流动阻力，由于管程短，与伯努利方程中其他项比较，H_f 值很小，故可忽略，同时又因泵出入口管径相等，所以 $u_1=u_2$，于是式(7-5)变为：

$$H=(Z_2-Z_1)+\frac{p_2-p_1}{\rho g} \tag{7-6}$$

将不同的流量下测得的(Z_2-Z_1)和(p_2-p_1)的值代入式(7-6)即可求得与流量 Q 对应的 H 值。

② $N-Q$ 曲线。

功率表测得的功率为电动机的输入功率。由于泵由电动机直接带动，传动效率可近视为1，所以电动机的输出功率等于泵的轴功率。即：

泵的轴功率 N=电动机的输出功率，kW

电动机的输出功率=电动机的输入功率×电动机的效率。

泵的轴功率=功率表的读数×电机效率，kW(电机效率为 75.5%)。

③ $\eta-Q$ 曲线：

$$\eta=\frac{N_e}{N} \tag{7-7}$$

$$N_e=\frac{HV_s\rho g}{1000}=\frac{HV_s\rho}{102} \tag{7-8}$$

式中　H——泵的压头，m；

N——泵的轴功率，kW；

N_e——泵的有效功率，kW；

η——泵的效率；

g——重力加速度，m/s^2。

④ 转速校核：应将以上所测参数校正为额定转速 $n'=2850$r/min 下的数据来绘制特性曲线图。

$$\frac{q'}{q}=\frac{n'}{n};\quad \frac{H'}{H}=\left(\frac{n'}{n}\right)^2;\quad \frac{P'}{P}=\left(\frac{n'}{n}\right)^3 \tag{7-9}$$

式中　n'——额定转速，2850r/min；

n——实际转速，r/min。

(3) 管路特性测定

管路特性可用管路特性方程或管路特性曲线来表达，它表示流体在管路输送过程中所需的能量(压头)与流量的关系。

由输送系统的伯努利方程求得：

$$H_e=\Delta Z+\frac{\Delta p}{\rho g}+\Delta\frac{u^2}{2g}+H_f \tag{7-10}$$

简化为：

$$H_e=K+BQ_e^2 \quad (管路特性曲线) \tag{7-11}$$

$$K=\Delta Z+\frac{\Delta p}{\rho g},\ B=\frac{8\left(\lambda\frac{L}{d}+\sum\zeta\right)}{\pi^2 d^4 g}$$

式中 H_e——管路系统所需压头，m；

Q_e——管路系统输送流量，m^3/s；

ΔZ——管路输送流体的高度差，m；

Δp——管路输送流体的压力差，Pa。

由于本实验装置储槽与受液槽的截面大，$\Delta\frac{u^2}{2g}\approx0$，且为同一平面，所以 $K=0$。同时，管路所需能量由泵提供，即等于泵的扬程 $H_e=H=(Z_2-Z_1)+\frac{p_2-p_1}{\rho g}$。

管路的特性只与管路的布局和操作条件有关，与离心泵的特性无关。相对而言，管路系统有高阻管路和低阻管路系统。本实验将阀门全开时称为低阻管路，将阀门关闭一定值时，称为相对高阻管路。

7.1.3 实验装置与设备参数

(1) 实验装置

参见第 6 章 6.3 流体流动阻力测定实验，如图 6-3 所示。

(2) 设备参数

真空表与压强表测压口之间的垂直距离：$h_0=0.3$m；

离心泵：不锈钢材质，电压 380V，功率 0.55kW，流量 $6m^3/h$，扬程 12m；电机效率 75.5%；

文丘里流量计测量段尺寸：$d_1=20$mm，$A_0/A_1=0.599$，透明 PVC；

孔板流量计测量段尺寸：$d_1=20$mm，$A_0/A_1=0.599$，透明 PVC；

泵特性测量段管路尺寸：内径 ϕ25mm，透明 PVC。

7.1.4 实验方法与注意事项

(1) 实验方法与步骤

① 熟悉：按事先(实验预习时)分工，熟悉流程及各测量传感器的作用。

② 检查：检查各阀门是否关闭。

③ 模块安装：根据实验内容选择对应的管路模块，通过活连接接入管路系统，使用对应的差压传感器软管正确接入测压点。

④ 灌泵：泵的位置高于水面，为防止泵启动发生气缚，应先把泵灌满水，具体灌泵操作如下：打开离心泵进口阀 VA08、离心泵排气阀 VA19，打开灌泵阀 VA06，向泵内加水，当泵的出水口有液面出现时，关闭离心泵排气阀 VA19、灌泵阀 VA06，等待启动离心泵。

⑤ 开车：依次打开主机电源、控制电源、电脑，启动软件，点击开始实验，启动离心泵，当泵后压力读数明显增加(一般大于 0.15MPa)，说明泵已经正常启动，未发生气缚现

象，否则需重新灌泵操作。

注意：泵的正反转是否正确(先打开 VA16，全开泵的出口阀 VA01，通过观察 FI01 的流量是否大于 $8m^3/h$)。

⑥ 测量各实验参数。

注意：系统内空气是否排尽是保障本实验正确进行的关键操作。

⑦ 流量计标定，软件上单击与接入管路对应实验：

a. 选择文丘里流量计管装入管路，连接差压传感器 2、差压传感器 3。

b. 排气：先全开 VA01，然后打开差压传感器 2 和 3 上的排气阀 VA11、VA12、VA13、VA14，约 1min，观察引压管内无气泡，先关闭差压传感器上的排气阀 VA11、VA12、VA13、VA14，再关闭 VA01。

c. 启动离心泵，逐渐开启流量调节阀 VA01，根据以下流量计示数进行调节：

推荐采集数据依次控制在 $Q(m^3/h)=0.8$、1.2、1.8、2.7、4、5.5(若无法达到 5.5，在 VA01 全开时记录数据即可)。

d. 此管做完后，关闭 VA01 和离心泵，更换文丘里管为孔板管，按上述步骤依次进行孔板流量计的测量：

孔板流量计实验推荐采集数据依次控制在 $Q(m^3/h)=0.8$、1.2、1.8、2.5、3、最大(最大流量以压差传感器示数不超过 40kPa 为标准即可)。

e. 以上步骤做完后，关闭阀门 VA18，管路出口液体排入计量槽，调节阀门 VA01，用秒表计时，记录计量槽一定高度液位变化所用时间及对应差压，由计量槽体积即可计算管路流量。调节阀门 VA01，依次记录不同流量下的差压，代入流量计计算公式，即可由体积法对不同流量计进行标定。

f. 进行流量计标定时，将永久压力测量孔连接压差传感器 3，测量流量计永久压力损失。

注：更换支路前请开启排液阀 VA16，放净管路内液体。

⑧ 离心泵特性曲线测定，软件上单击离心泵特性实验：

a. 打开泵特性实验管路阀门 VA16。

b. 排气：先全开 VA01，然后打开压力传感器上的排气阀 VA19 及压力平衡阀 VA20 约 1min，观察引压管内无气泡，关闭排气阀 VA19 及压力平衡阀 VA20。

c. 调节阀门 VA01，每次改变流量，应以涡轮流量计读数 FI01 变化为准。依次调节阀门 VA01，使 FI01 依次在 $Q(m^3/h)=0$、1、2、3、4、5、6、7、8、9、最大时，记录相关实验数据。

d. 实验完成后，关闭 VA01，关闭离心泵。

⑨ 管路性能曲线测定：

低阻管路性能曲线测定，软件上单击低阻管路性能实验：

a. 管路性能测定不用更换管路，只需要打开 VA16 即可。

b. 开启流量调节阀 VA01 至最大，从大到小依次调节离心泵转速来改变流量，转速的确定应以涡轮流量计读数变化为准。

c. 记录数据，然后再调节转速。

d. 做完后，将转速设定到 2850r/min。

高阻管路性能曲线测定，软件上单击高阻管路性能实验：

a. 在离心泵转速 2850r/min 下，关小 VA01，将 FI01 流量调节到约 4m^3/h 后，阀门不再调节；然后从大到小依次调节离心泵转速来改变流量，转速的确定应以涡轮流量计读数变化为准。

b. 记录数据，然后再调节转速。

c. 做完后，将转速调节到 2850r/min。关闭阀门 VA16，关闭离心泵。

注意：转速下限设置不能低于 800r/min，每次调节转速减小量为 300~400r/min。

⑩ 停车：实验完毕，关闭所有阀门，停泵，开启排净阀 VA16、泵入口排水阀 VA07，最后退出力控，关闭电脑，关闭电柜电源。

（2）注意事项

① 每次启动离心泵前先检查水箱是否有水（水位是否达到水箱的 2/3），请确认是否灌泵，严禁泵内无水空转。

② 长期不用时，应将水箱及管道内水排净，并用湿软布擦拭水箱，防止水垢等杂物粘在水箱上面。

③ 严禁学生打开控制柜，以免发生触电。

④ 在冬季造成室内温度达到冰点时，设备内严禁存水。

⑤ 操作前，必须将水箱内异物清理干净，需先用抹布擦干净，再往水箱内加水，启动泵让水循环流动冲刷管道一段时间，再将水箱内水排净，再注入水以准备实验。

7.1.5 实验数据记录

（1）基本数据

（2）实验数据列表（表 7-1 至表 7-3）

表 7-1 离心泵性能测定实验数据

序号	涡轮流量计 (q)/(m^3/h)	入口压力(p_1)/kPa	出口压力(p_2)/kPa	压差(Δp)/kPa	功率(P)/kW	转速(n)/(r/min)	泵压头/m	泵轴功率/kW	泵效率/%
1									
2									
3									
4									
5									
6									
7									
8									
9									
10									
11									

表 7-2 流量计性能测定实验数据

序号	涡轮流量计(q)/(m^3/h)	文丘里(孔板)流量计压差/kPa	流速/(m/s)	雷诺数	流量系数
1					
2					
3					
4					
5					
6					
7					
8					
9					
10					

表 7-3 离心泵管路特性测定实验数据

序号	电机频率转速/(r/min)	涡轮流量计(q)/(m^3/h)	入口压力/kPa	出口压力/kPa	压头/m
1					
2					
3					
4					
5					
6					
7					
8					
9					
10					

7.1.6 思考题

① 绘制文丘里流量计(孔板流量计)的流量与压差之间的关系图以及流量系数 C 与雷诺数 Re 的关系图，应选择什么样的坐标纸？

② 为什么在双对数坐标纸上分别作孔板流量计与文丘里流量计的关联图是直线，且其斜率为 1/2？

③ 随着流量的变化，离心泵的进、出口压力将如何变化？

④ 离心泵的流量可用出口阀调节，为什么不用泵的入口阀调节流量？

7.2 强化对流传热综合设计实验

7.2.1 实验目的

① 掌握强化对流传热系数 α_i 的测定方法，加深对其概念的理解及其影响因素的认识；

② 了解强化传热的基本理论和基本方式；

③ 用线性回归分析法，确定关联式 $Nu=ARe^m Pr^{0.4}$ 中常数 A、m 的值；

④ 计算强化比 Nu/Nu_0，比较光滑管与螺旋管的传热效果。

7.2.2 实验原理

流体被加热或者冷却，一般是通过换热器来实现的。换热器的结构形式繁多，性能差异大，我们必须了解换热器性能及影响其性能的主要因素。换热器的传热系数 K 以及对流传热系数 α_i 是反映换热器性能的主要指标，它可以按有关公式进行计算，其数值与流体的物性、换热器的结构形式及操作参数有关，因此，为了获得较可靠的数据，往往需要进行实验测试。本实验以套管换热器进行强化对流传热实验。热流体走壳程，冷流体走管程，其中一换热器管程为普通光滑管，另一换热器管程为螺旋线圈管。

（1）总传热系数的计算

传热面为薄管壁，管内外径接近相等，总传热系数计算公式为：

$$\frac{1}{K_i}=\frac{1}{\alpha_i}+\frac{1}{\alpha_o}+\frac{1}{\lambda_{壁}}+\frac{1}{\lambda_{垢}} \tag{7-12}$$

实验过程中采用管外饱和蒸汽冷凝传热，则 $\alpha_i<<\alpha_o$，若忽略管壁热阻、污垢热阻，换热器的主要热阻在管程内冷流体的对流传热过程中，因此，传热管内的对流传热系数 $\alpha_i\approx$ 热冷流体间的总传热系数 K_i：

$$\alpha_i\approx K_i=\frac{Q}{\Delta t_m S_i} \tag{7-13}$$

式中 Q——传热速率或热负荷，W；

Δt_m——对数平均温度差，℃；

S_i——传热面积，m^2。

① 传热速率通过冷流体的温差热来计算。

$$Q=V\rho_m c_{pm}\Delta t \tag{7-14}$$

式中 ρ_m——空气的平均密度，kg/m^3；

c_{pm}——空气的平均比热容，kJ/(kg·℃)；

Δt——空气的进出口温度差，℃。

用孔板流量计测定空气流量：

$$V_{t_1}=c_o\frac{\pi d_o^2}{4}\sqrt{\frac{2\Delta p}{\rho_{t_1}}} \tag{7-15}$$

式中 V_{t_1}——空气在进口温度下的体积流量，m^3/s；

c_o——孔板流量计流量系数，$c_o=0.65$；文丘里流量计流量系数，$c_o=0.995$；

d_o——孔板孔径，1、2 号设备 $d_o=0.017m$，3、4 号设备 $d_o=0.014m$；文丘里管孔径，7、8 号设备 $d_o=0.01717m$；

Δp——孔板两端压差，Pa；

ρ_{t_1}——空气在进口温度下的密度，kg/m^3。

5、6号设备空气流量在仪表上有显示，不需要用此公式计算流量。

在实验条件下传热管内空气的实际流量：

$$V=V_{t_1}\times\frac{273+t_a}{273+t_1} \tag{7-16}$$

式中 t_a——管内平均温度，$t_a=(t_1+t_2)/2$，℃；

t_1，t_2——空气的进口、出口温度，℃。

② 对于逆流变温传热，Δt_m用对数平均温度差计算。

$$\Delta t_m=\frac{(T_w-t_1)-(T_w-t_2)}{\ln\dfrac{T_w-t_1}{T_w-t_2}} \tag{7-17}$$

温度测量：空气进、出口的温度 t_1、t_2 由电阻温度计测量，可由数字显示仪表直接读出，由于壳程的蒸汽是恒定饱和蒸汽，热流体的进出口温度和管外壁温度很接近，即 $T_{w入}=T_{w出}=T_w$，管外壁面平均温度 T_w 由电阻温度计测量，可由数字显示仪表直接读出(3至8号设备)，或由数字式毫伏计测出热电势 E(1、2号设备)，再由 E 计算得到：

$$T_w=8.5+21.26E \tag{7-18}$$

③ 传热面积的计算。

$$S=\pi dl \tag{7-19}$$

(2) 强化传热分析

由于传热器的主要热阻存在于冷流体流经的管程，强化传热的途径是从管程着手，所以另一换热器在光滑管壁面加入螺旋线圈。这样相对于光滑管而言，螺旋线圈管内表面具有一定间距的沟槽结构，这些间距一定的沟槽对管内的流态进行周期性的扰动，螺旋管内出现比光滑管的湍流更复杂的流态，它可以有效地控制边界层的发展，减薄边界层的厚度，减小传热阻力，最终起到强化传热的目的，并且空气流量越大，螺旋槽管减小传热阻力的作用就会越显著，强化传热的程度就会越大。

① 用线性回归方法作 $\lg(Nu/Pr^{0.4})-\lg Re$ 关系图，求准数关联式中的系数 A 和 m。

由

$$Nu=ARe^{m}Pr^{0.4} \tag{7-20}$$

两边取对数得 $\lg(Nu/Pr^{0.4})=m\lg Re+\lg A$

努塞尔数
$$Nu=\frac{\alpha d}{\lambda}$$

普朗特数
$$Pr=\frac{c_p\mu}{\lambda}$$

光滑管管内是强制湍流传热，经验算，A 和 m 值基本上符合迪贝斯-贝尔特经验关联式 $Nu=0.023Re^{0.8}Pr^{0.4}$。但强化管的流态比强制湍流更复杂，因此，它的关联式并不符合迪贝斯-贝尔特经验关联式。

② 强化比的计算，通过线性回归图，取相同雷诺数下的努塞尔数进行比值，大于1则起到了强化传热的效果。

$$Nu/Nu_o \tag{7-21}$$

式中 Nu——强化管的努塞尔数；

Nu_o——普通管的努塞尔数。

Nu/Nu_o 越大，强化传热的效果越好。

(3) 列管换热器的计算(7、8 号设备)

① 热负荷计算，根据热量衡算式：

$$Q = W_c \times c_p \times \Delta t \tag{7-22}$$

式中 Δt——空气的温升，$\Delta t = t_1 - t_2$，℃；

c_p——定性温度下的空气恒压比热容，kJ/(kg·K)；

W_c——空气的质量流量，kg/s。

管内定性温度：$t_{定} = (t_1 + t_2)/2$。

② 总传热系数 K 的测定，已知管内热负荷 Q，总传热方程：

$$Q = KA\Delta t_m \tag{7-23}$$

$$K = \frac{Q}{A \cdot \Delta t_m}$$

式中 A——管外表面积，$A = 15 d_0 \pi L$，$d_0 = 19\text{mm}$，$L = 600\text{mm}$，m^2；

Δt_m——平均温度差，

$$\Delta t_m = \frac{\Delta t_A - \Delta t_B}{\ln(\Delta t_A / \Delta t_B)}$$

$$\Delta t_A = t_{蒸汽温度} - t_{列管冷空气进口温度}；\quad \Delta t_B = t_{蒸汽温度} - t_{列管冷空气出口温度}$$

7.2.3 实验装置与设备参数

(1) 实验装置(图 7-1)

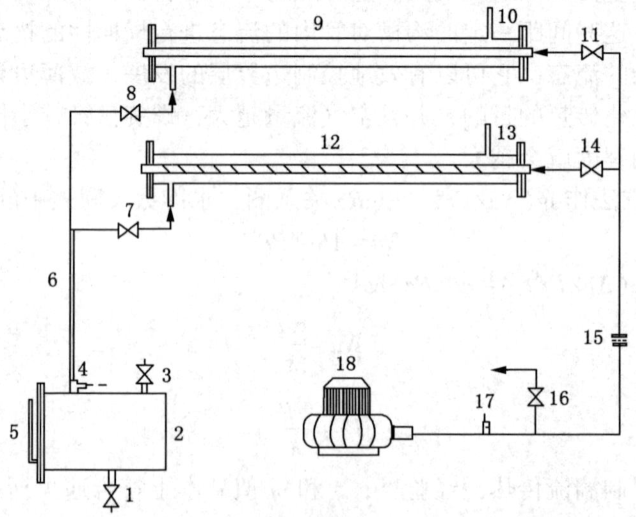

图 7-1 传热综合实验装置流程图

1—排水口；2—蒸汽发生器；3—加水口；4—冷凝液回流口；5—液位计；6—蒸汽上升管；
7，8—蒸汽支路控制阀；9—普通套管换热器；10，13—蒸汽放空口；12—有螺旋线圈的套管换热器；
11，14—空气支路控制阀；15—孔板流量计；16—空气旁路阀；17—空气测温点；18—旋涡气泵

(2) 实验装置结构参数(表 7-4)

表 7-4 实验装置设备参数

设备号		1、2	3、4	5、6	7、8
换热器内管内径(d_i)/mm		20.0	20	16	18
换热器内管外径(d_o)/mm		22.0	23	21	22
换热器外管内径(D_i)/mm		50.0	52	52	72
换热器外管外径(D_o)/mm		57.0	60	58	76
测量段(紫铜内管)长度(l)/mm		1000	1200	1000	1000
空气流量计类型		孔板	孔板	孔板	文丘里
节流处孔径/mm		17	14	直接测量	17.17
流量系数		0.65	0.65	直接测量	0.995
强化内管内插物(螺旋线圈)尺寸	丝径(h)/mm	1.0	1.0	1.0	1.0
	节距(H)/mm	40.0	40	40	40

7、8 号设备的列管换热器：不锈钢管，ϕ19mm×1.5mm，长 600mm，共 15 根。

7.2.4 实验方法与注意事项

(1) 实验方法

① 实验前的准备工作：

a. 向蒸汽发生器加水至液位计上端红线处；

b. 向保温瓶中加入适量的冰水，并将热电偶冷端插入冰水中；

c. 全开空气旁路阀，打开一组换热器，保证蒸汽和空气管路畅通；

d. 启动电加热器开关，开始加热。

② 实验开始：

a. 待有蒸汽进入换热器进行吹扫至蒸汽排出口有蒸汽排出后，启动旋涡气泵；

b. 空气入口温度 t_1 比较稳定后调节空气旁路阀(在最小至最大流量范围内改变流量 5~6 次)；

c. 每改变 1 次流量，稳定 5min 左右读取实验数据；

d. 上一组“套管换热器”实验完毕，转换另一组“套管换热器”进行第二次实验，其实验方法重复步骤②③的操作。

③ 实验结束：

a. 停止加热，5min 后关旋涡气泵，并将旁路阀全开；

b. 切断总电源。

(2) 注意事项

① 由于采用热电偶测温，所以实验前应检查热电偶的冷端，是否全部浸没在冰水中。

② 检查蒸汽加热釜中的水位是否在正常范围内，如果发现水位过低，应及时补充水量。

③ 必须保证蒸汽和空气管路的畅通。即在启动电加热器前，两组换热器控制阀之一必须全开。在转换另一组“套管换热器”时，应先开启需要的支路阀，再关闭原实验的支路阀，防止蒸汽和空气压力过大。

7.2.5 实验数据记录

（1）基本数据

（2）实验数据列表(表 7-5、表 7-6)

冷流体给热系数的准数式：$Nu/Pr^{0.4}=A\,Re^{m}$，以 $\ln(Nu/Pr^{0.4})$ 为纵坐标，$\ln Re$ 为横坐标，由实验数据作图拟合方程，确定式中常数 A 及 m。

表 7-5 普通管实验数据

名称	项　目	1	2	3	4	5	6	7
实验数据	孔板压差/kPa							
	空气入口温度/℃							
	空气出口温度/℃							
	壁面热电势/mV							
	壁面温度/℃							
	管内平均温度/℃							
整理数据	ρ_m/(kg/m^3)							
	λ/[W/(m·℃)]							
	c_{pm}/[kJ/(kg·℃)]							
	μ/(Pa·s)							
	管内温差/℃							
	对数平均温差/℃							
	空气实际流量/(m^3/s)							
	流速/(m/s)							
	传热量/W							
实验结果	α_i/[W/(m^2·℃)]							
	Nu_o							
	Pr							
	Re							
	$Nu_o/Pr^{0.4}$							
	A							
	m							

表 7-6 强化管实验及数据

名称	项　目	1	2	3	4	5	6	7
实验数据	孔板压差/kPa							
	空气入口温度/℃							
	空气出口温度/℃							
	壁面热电势/mV							
	壁面温度/℃							
	管内平均温度/℃							

续表

名称	项　目	1	2	3	4	5	6	7
整理数据	ρ_m/(kg/m³)							
	λ/[W/(m·℃)]							
	c_{pm}/[kJ/(kg·℃)]							
	μ/(Pa·s)							
	管内温差/℃							
	对数平均温差/℃							
	空气实际流量/(m³/s)							
	流速/(m/s)							
	传热量/W							
实验结果	α_i/[W/(m²·℃)]							
	Nu							
	Re							
	Pr							
	$Nu/Pr^{0.4}$							
	A							
	m							

在两个拟合方程的回归线性图中，在相同物性基础(即同一个 Pr)上，比较 Nu。

Re							
Nu							
Nu_o							
Nu/Nu_o							

7.2.6　思考题

① 螺旋管在传热过程中有什么优缺点？

② 用热电偶测温要注意什么问题？

③ 何谓强化传热过程？可采取哪些强化传热的途径？

④ 气-汽对流传热，若要提高总传热系数有什么方法？

⑤ 当空气流速增大时，空气离开换热器的温度将升高还是降低？为什么？

7.3　二氧化碳吸收传质系数测定综合实验

7.3.1　实验目的

① 了解填料塔吸收装置的基本结构及流程；

② 掌握总体积传质系数的测定方法；

③ 了解气体空塔速度和液体喷淋密度对总体积传质系数的影响；

④ 测定不同液体喷淋密度下填料的压强降与空塔气速的关系，并作出其关系图；观察

填料塔的载液及液泛现象，测定填料的载点和液泛速度。

7.3.2 基本原理

气体吸收是典型的传质过程之一，本实验采用水吸收空气中的CO_2组分。一般CO_2在水中的溶解度很小，即使预先将一定量的CO_2气体通入空气中混合以提高空气中的CO_2浓度，水中的CO_2含量仍然很低，所以吸收的计算方法可按低浓度来处理，并且此体系CO_2气体的吸收过程属于液膜控制。因此，本实验主要测定K_Xa和H_{OL}。由于本实验为低浓度气体的吸收，所以热量交换可略，整个实验过程看成是等温操作。

(1) 填料塔流体力学特性实验

填料塔流体力学性能包括气体通过填料层的压降、载点气速、液泛气速等特性，它与填料的形状、大小及气液两相的物理性质和流量有关。

填料塔操作时，气体由下而上通过填料层孔隙，与自上而下流过填料表面的液体形成相际接触并进行传质。

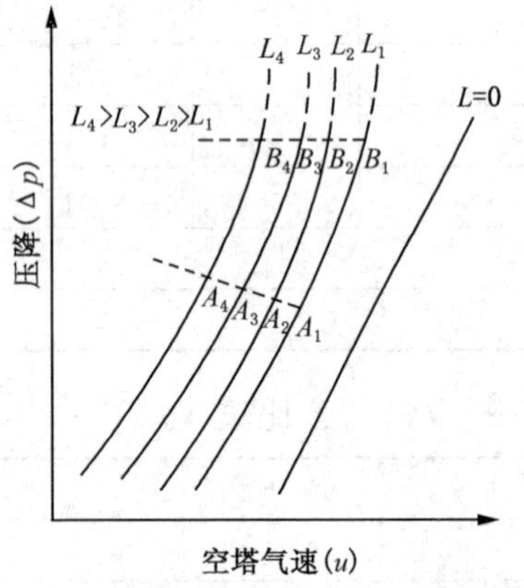

图 7-2 填料层的Δp-u关系图

当气体通过无液体喷淋的干填料层时，其压降Δp与空塔气速u的关系可用$\Delta p = u^n$表示，一般情况下，指数n=1.8~2.0，因而在双对数坐标图上压降Δp与空塔气速u呈直线关系，其斜率为1.8~2.0。Δp与u关系如图7-2所示。

在一定的喷淋密度下，当气速较小时，压降Δp与空塔气速u仍遵循$\Delta p = u^n$的关系，当气速增加到某一值时，上升气体与下降液体间的摩擦力增大，液体不能顺利下流，致使填料层内的持液量随气速的增加而增大，这种现象称为拦液现象，开始拦液时的空塔气速称为载点气速。由于填料层内持液量的增加，气体在填料层内的流道面积随之减小，压降随空塔气速有更大的变化，Δp-u曲线的斜率加大，图中的转折点A即为载点。进入载液区后，当空气的气速再进一步增大，填料层持液量迅速增加，到达某一气速时，气、液间的摩擦力完全阻止液体向下流动，导致液泛。此时压降迅速上升并伴有强烈波动，$\Delta p = u^n$关系的指数发生明显变化，n值可达10左右。在Δp-u曲线上出现第二个转折点B，称之为液泛点。

所以在实验操作现象中，将会依次观察到以下气液接触现象：

$$\text{湿塔}\xrightarrow{\text{载点}}\text{载液区}\xrightarrow{\text{泛点}}\text{液泛}\longrightarrow\text{液膜夹带、严重液泛}$$

不同的喷淋量L对应着不同的载点A和液泛点B。坐标图中压降Δp由塔内压差计读出，空塔气速由式(7-24)计算：

$$u=\frac{V_{air}}{3600\times\frac{\pi}{4}D^2} \tag{7-24}$$

式中 V_{air}——空气流量，m^3/h；

D——填料塔内径，m^2。

空气流量：

$$V_{air}=V_1\sqrt{\frac{273+t_{air}}{273+20}} \tag{7-25}$$

式中　V_1——空气转子流量计读数，m^3/h；

t_{air}——空气温度,℃。

空气的摩尔流量：

$$V=\frac{V_{air}}{22.4}\frac{273}{273+t_{air}} \tag{7-26}$$

（2）吸收传质系数测定

计算公式：

$$Z=\int_0^Z dZ=\frac{L}{K_X a\Omega}\int_{X_2}^{X_1}\frac{dX}{X^*-X}=H_{OL}\cdot N_{OL} \tag{7-27}$$

式中　L——单位时间通过塔截面的吸收剂(S)的摩尔流量，kmol(水)/s；

$K_X a$——以 ΔX 为推动力的液相总体积传质系数，$kmol/(m^3\cdot s)$；

H_{OL}——液相总传质单元高度，m；

N_{OL}——液相总传质单元数，无因次。

令

$$A=\frac{L}{mV} \tag{7-28}$$

式中　V——单位时间通过塔截面的惰性气体(B)的摩尔流量，kmol(空气)/s；

m——相平衡常数；

A——吸收因数。

$$N_{OL}=\frac{1}{1-A}\ln\left[(1-A)\frac{Y_1-Y_2^*}{Y_1-Y_1^*}+A\right] \tag{7-29}$$

$$H_{OL}=\frac{Z}{N_{OL}} \tag{7-30}$$

$$K_X a=\frac{L}{H_{OL}\Omega} \tag{7-31}$$

式中　Y_1，Y_2——进、出塔气体中溶质组分(CO_2)的摩尔比，$kmolCO_2$/kmol 空气。

（3）测定方法

① 空气流量和水流量的测定，本实验采用转子流量计测定空气和水的流量，并根据实验条件(温度、压力)和有关公式换算成空气和水的摩尔流量。

② 测定填料层高度 Z 和塔径 D(由实验装置确定)；

③ 测定塔顶和塔底气相组成 y_1 和 y_2；

④ 平衡关系。本实验的平衡：

$$Y^*=mX \tag{7-32}$$

式中　m——相平衡常数，$m=E/P$，根据液相温度由表 7-7 查得；

E——亨利系数，$E=f(t)$，Pa；

P——总压，Pa。

表 7-7　不同温度下 CO_2-H_2O 的相平衡常数

温度(t)/℃	5	10	15	20	25	30	35	40
$m=E/P$	877	1040	1220	1420	1640	1860	2083	2297

$$Y_1^*=mX_1;\ Y_2^*=mX_2$$

对清水而言，$X_2=0$，由全塔物料衡算：

$$V(Y_1-Y_2)=L(X_1-X_2) \tag{7-33}$$

可得，

$$X_1=\frac{V}{L}(Y_1-Y_2)+X_2 \tag{7-34}$$

摩尔分数与摩尔比的换算：

$$Y_1=\frac{y_1}{1-y_1};\ Y_2=\frac{y_2}{1-y_2}$$

7.3.3 实验装置

（1）装置流程(图 7-3)

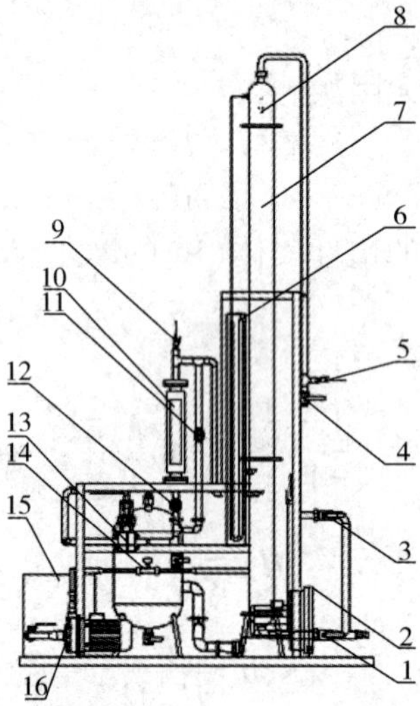

图 7-3 吸收装置流程图

1—液体出口阀 2；2—风机；3—液体出口阀 1；4—气体出口阀；
5—出塔气体取样口；6—U 形压差计；7—填料层；8—塔顶预分布器；
9—进塔气体取样口；10—玻璃转子流量计；11—混合气体进口阀 1；
12—混合气体进口阀 2；13—孔板流量计；14—涡轮流量计；15—水箱；16—水泵

（2）主要设备参数

① 吸收塔：高效填料塔，塔内径 100mm，塔内装有金属丝网波纹规整填料或 θ 环散装填料，填料层总高度 2000mm；塔顶有液体初始分布器，塔中部有液体再分布器，塔底部有栅板式填料支承装置；填料塔底部有液封装置，以避免气体泄漏。

② 填料规格和特性：金属丝网波纹规整填料，规格 ϕ100mm×100mm，比表面积 700m^2/m^3。

7.3.4 实验步骤与注意事项

（1）填料塔流体力学特性实验

① 测量干填料层($\Delta p/Z$)-u 关系曲线。

先全开旁路阀，后启动风机，在喷淋量为零时，用阀从小到大调节 5~6 次气流量，读

取干填料层压降 Δp、转子流量计读数和空气温度，然后在对数坐标纸上以空塔气速 u 为横坐标，以填料层单位高度的压降 $\Delta p/Z$ 为纵坐标，绘制干填料层$(\Delta p/Z)-u$ 关系曲线。

② 测量某喷淋量下填料层$(\Delta p/Z)-u$ 关系曲线。

选择一定的水流量，用上面相同的方法操作，读取填料层压降 Δp、转子流量计读数和流量计处空气温度，并注意观察塔内的操作现象，观察到液泛现象时记下对应的空气转子流量计读数。在对数坐标纸上绘制$(\Delta p/Z)-u$ 关系曲线，并确定液泛点。

(2) 总传质系数测定

① 熟悉实验流程及弄清气相色谱仪及其配套仪器结构、原理、使用方法与其注意事项。

② 打开混合罐底部阀门，排放掉空气混合贮罐中的冷凝水。

③ 打开仪表电源开关及空气压缩机电源开关，进行仪表自检。

④ 开启水泵进水阀门，让水进入填料塔润湿填料，仔细调节转子流量计，使其流量稳定在某一实验值。塔底液封控制，调节液体出口阀的开度，使塔底液位缓慢在一段区间内变化，以免塔底过高溢满或过低而泄气。

⑤ 启动风机，打开 CO_2 钢瓶总阀，并缓慢调节钢瓶的减压阀。

⑥ 仔细调节风机旁路阀门的开度，并调节 CO_2 转子流量计的流量，使其稳定在某一值，建议气体流量 3~5m^3/h，液体流量 0.6~0.8m^3/h，CO_2 流量 2~3L/h。

⑦ 待塔操作稳定后，读取各流量计的读数及通过温度，压力巡检仪上读取各温度、压力、塔顶塔底压差读数，通过六通阀在线进样，利用气相色谱仪分析出塔顶、塔底气相组成。

⑧ 实验完毕，关闭 CO_2 转子流量计、风机出口阀门、水转子流量计，再关闭风机电源开关、水泵电源开关及进水阀门(一般先停水再停气，目的为了防止倒吸)，然后缓慢开大空气转子流量计的流量及风机的排水阀，进行卸压，待其中的压力都降到接近常压时关闭仪表电源开关，清理实验仪器和实验场地。

(3) 注意事项

① 固定好操作点后，应随时注意调整以保持各有关量不变。在填料塔操作条件改变后，需要有较长的稳定时间，一定要等到稳定以后方能读取有关数据。

② 由于 CO_2 在水中溶解度很小，在分析组成时一定要认真仔细，这是做好实验的关键。

(4) 气相色谱仪的使用

热导池 TCD 检测：①打开氢气/氦气瓶，输出压力 0.2MPa；②调节两个载气支路上的稳流阀，试漏，检查放空处是否有气泡；③打开电源开关，设置柱室、汽化室及热导池的温度，点击“加热”键；④待“恒温”灯亮后，按 TCD 衰减两下，按 TCD 桥联两下；⑤进样，把阀门旋到取样位，注入样品气，通气 30s，快速将阀门旋到进样位；⑥打开工作站，打开通道，进行数据采集；⑦关机，关主机电源，待半小时后关掉载气。

7.3.5 实验数据记录

实验数据记录参见表 7-8、表 7-9。

表 7-8 塔流体力学特性测定表

（水温 =＿＿＿＿，空气流量 =＿＿＿＿，CO_2流量 =＿＿＿＿，空气进口组成 =＿＿＿＿）

序号	水(L_s)/(L/h)	气相组成		空气(G)/(kmol/h)	ΔY_m	L'_s/[kmol/(m^2·h)]	K_{Ya}/[kmol/(m^3·h)]	备注
		y_1	y_2					
1	200							

表 7-9 二氧化碳吸收传质系数测定实验数据

操作压力/kPa	气体流量读数	水流量计读数	塔底气相浓度	塔顶气相浓度	液相温度	气相温度	总体积传质系数

7.3.6 思考题

① 本实验中，为什么塔底要有液封？液封高度如何计算？

② 测定 K_Xa 有什么工程意义？

③ 为什么二氧化碳吸收过程属于液膜控制？

④ 当气体温度和液体温度不同时，应用什么温度计算亨利系数？

⑤ 在双对数坐标纸上绘图表示二氧化碳吸收时体积传质系数、传质单元高度与气体流量的关系。

7.4 筛板塔精馏设计实验

7.4.1 实验目的

① 了解精馏操作回流温度与回流比对精馏塔分离效果的影响；

② 掌握筛板式精馏塔的操作原理；

③ 了解筛板式精馏塔装置流程及设备结构的作用；

④ 测定全回流操作下的全塔效率；

⑤ 设计回流温度、回流比、原料物系、进料浓度等参数，进行精馏塔的连续精馏操作实验。

7.4.2 实验原理

利用二元混合物系两组分的挥发度不同，将混合液加热到一定温度使其部分汽化，蒸气在塔内上升过程中与回流液体在塔板上充分接触，进行传热与传质分离，气相中轻组分逐板提浓至塔顶后进入塔顶冷凝器，部分作为塔顶产品出料，部分作为回流液返回塔内。而液相中重组分的浓度在逐板下降过程中不断增加，最终成为塔底产品，从而达到轻重两相分离的目的。

从塔顶回流入塔内的液体量与塔顶产品量之比称为回流比 R，回流比数值的大小影响着精馏操作的分离效果。回流比增大，塔内分离效果好，塔顶产品中易挥发组分浓度提高。

精馏塔的全塔效率是反映塔板性能及操作好坏的重要指标，它反映塔内气液接触是否充分以及传质的效率高低。它是指达到指定分离效果所需的理论塔板数与实际塔板数的比值。

$$E_T=\frac{N_T}{N_P}$$

式中 E_T——全塔效率；

N_T——理论塔板数。

本实验装置的实际板数为 7 块，理论板数可根据图解法求出。

(1) 作平衡线

根据附录四(附录三)得二元物系乙醇-正丙醇(乙醇-水)的已知气-液平衡数据，作 y-x 相平衡曲线图，在该图上依据精馏塔顶产品组成 x_D、塔釜产品组成 x_W、进料组成 x_F、进料热状况 q 及回流比 R 画出操作线，在操作线和平衡线之间绘阶梯，即得出理论板数 N_T。

同时，在已知进料浓度的情况下，通过相图将会得出进料物质的泡点温度。

(2) 全回流操作

全回流操作回流比 $R=\frac{L}{D}=\frac{L}{0}=\infty$，精馏段操作线的截距 $\frac{x_D}{R+1}=0$，操作线与 y-x 相图的对角线重合。

(3) 操作线方程

在连续精馏塔中，由于原料的不断加入，精馏段和提馏段内的循环物料量不同，其操作线关系也不同。同为精馏段，塔顶回流的热状态不同，也将导致精馏段内循环物料量发生变化，精馏段操作线关系也将发生变化，应分别予以讨论。

① 泡点回流的精馏段操作线方程。

对于塔顶为泡点回流的精馏段，若待分离物系符合恒摩尔流假定，则塔内每层板下降的液体量等于塔顶回流量 L，每层板上升的蒸气量等于塔顶蒸气量 V。

以单位时间为基准对精馏段进行物料衡算：

总物料衡算： $$V=L+D \tag{7-35}$$

易挥发组分物料衡算： $$Vy_{n+1}=Lx_n+Dx_D \tag{7-36}$$

将式(7-35)代入式(7-36)，可得：

$$y_{n+1}=\frac{L}{L+D}x_n+\frac{D}{L+D}x_D \tag{7-37}$$

式(7-37)等号右边两项的分子及分母同时除以 D，则：

$$y_{n+1}=\frac{L/D}{L/D+1}x_n+\frac{1}{L/D+1}x_D \tag{7-38}$$

令 $R=\frac{L}{D}$，代入式(7-38)得：

$$y_{n+1}=\frac{R}{R+1}x_n+\frac{1}{R+1}x_D \tag{7-39}$$

式(7-39)为泡点回流操作的精馏段操作线方程，式中 R 即为回流比。

根据恒摩尔流假定，L 为定值，且在稳定操作条件下，D 与 x_n 为定值，故 R 也是常量，式(7-39)在 x-y 直角坐标图上为直线。

② 冷液回流的精馏段操作线方程。

对于塔顶为冷液回流的精馏段，塔顶低于泡点的回流液进入塔内，将与上升的蒸气发生热交换，一部分上升的蒸气放出潜热冷凝，致使离开第一层板上升的蒸气量减少，板上的液体量大于塔顶实际回流量。若将塔顶实际回流量称为外回流 $L_{外}$，精馏段每层板下降的液体流量称为内回流 $L_{内}$，则物料衡算关系为：

冷凝器的总物料衡算： $V_1=L_{外}+D$ (7-40)

精馏段的总物料衡算： $V_{内}=L_{内}+D$ (7-41)

精馏段易挥发组分物料衡算： $V_{内}y_{n+1}=L_{内}x_n+Dx_D$ (7-42)

式中 V_1——离开第一层板进入冷凝器的蒸气流量，kmol/h；

$V_{内}$——精馏段内上升的蒸气流量，kmol/h；

$L_{外}$——实际塔顶回流量，kmol/h；

$L_{内}$——精馏段内下降的液体流量，kmol/h。

所以，冷液回流的精馏段操作线方程为：

$$y_{n+1}=\frac{L_{内}}{V_{内}}x_n+\frac{D}{V_{内}}x_D \tag{7-43}$$

$$y_{n+1}=\frac{L_{内}}{L_{内}+D}x_n+\frac{D}{L_{内}+D}x_D \tag{7-44}$$

假设塔顶回流液在第一层板上完成与蒸气的传热平衡，则按照恒摩尔流假定，精馏段每层板下降的液体量均为 $L_{内}$；每层板上升的蒸气量均为 $V_{内}$，在稳定的操作条件下，D 与 x_n 为定值，故式(7-44)在 x-y 直角坐标图上仍为直线，其斜率为 $L_{内}/(L_{内}+D)$，截距为 $Dx_D/(L_{内}+D)$。

内回流量 $L_{内}$ 与外回流量 $L_{外}$ 的关系应服从下列等式：

$$L_{内}=L_{外}+L_{冷凝} \tag{7-45}$$

式中 $L_{冷凝}$——第一层板上升的蒸气与回流液进行热交换而冷凝的液量，kmol/h。

冷凝液量 $L_{冷凝}$ 取决于塔顶实际回流量 $L_{外}$ 和回流温度 $T_{回流}$，若实验前已经设计确定塔顶实际回流量 $L_{外}$ 和回流温度 $T_{回流}$，则可根据热量衡算确定 $L_{冷凝}$。

$$Q_{损}+L_{外}c_{p回流}(T-T_{回流})=L_{冷凝}r \tag{7-46}$$

式中 $c_{p回流}$——塔顶回流液的平均比热容，kJ/(kmol · ℃)；

T——塔顶操作压力下，回流液的饱和温度，等于 $T_{顶}$，℃；

r——塔顶操作压力下，饱和蒸气的汽化潜热，kJ/kmol；

$Q_{损}$——换热过程中的热损失，J/s。

当忽略热损失，$Q_{损}=0$ 时，再把 $L_{冷凝}=L_{内}-L_{外}$ 代入式(7-46)得：

$$L_{外}c_{p回流}(T_{顶}-T_{回流})=(L_{内}-L_{外})r \tag{7-47}$$

$$\frac{L_{内}}{L_{外}}=\frac{c_{p回流}(T_{顶}-T_{回流})+r}{r}=q_{回流} \tag{7-48}$$

式中 $q_{回流}$——回流热状况参数，无因次。

定义内回流比 $R_{内}=\frac{L_{内}}{D}$，则：

$$R_{内}=\frac{L_{内}}{D}=\frac{L_{外}\ q_{回流}}{D}=R_{外}\ q_{回流} \tag{7-49}$$

$$q_{回流}=\frac{c_{p回流}(T_{顶}-T_{回流})+r}{r}$$

$$c_{P回流}=M_{轻}\ x_{D}c_{p轻}+M_{重}(1-x_{D})c_{p重}$$

$$r=M_{轻}\ x_{D}r_{轻}+M_{重}(1-x_{D})r_{重}$$

式中 $c_{p回流}$——进料混合液在平均温度下的比热容，kJ/(kmol·℃)；

r——进料混合液在饱和温度下(即 $T_{顶}$)的汽化潜热，kJ/kmol；

$c_{p轻}$，$c_{p重}$——定性平均温度($T_{顶}+T_{回流}$)/2 下的轻组分、重组分的比定压热容，kJ/(kg·℃)；

$M_{轻}$，$M_{重}$——轻组分、重组分的相对分子质量；

$r_{轻}$，$r_{重}$——饱和温度下(即 $T_{顶}$)轻组分、重组分的汽化潜热，kJ/kg。

按式(7-44)，冷液回流条件下的操作精馏线可表示为：

$$y_{n+1}=\frac{R_{内}}{R_{内}+1}x_{n}+\frac{x_{D}}{R_{内}+1} \tag{7-50}$$

(4) 求 q 线方程

$$y=\frac{q}{q-1}x-\frac{x_{F}}{q-1} \tag{7-51}$$

进料热状况参数 q 按下式计算：

$$q_{进料}=\frac{c_{p}(t_{泡}-t_{进料})+r}{r} \tag{7-52}$$

$$c_{p进料}=M_{轻}\ x_{F}c_{p轻}+M_{重}(1-x_{F})c_{p重} \tag{7-53}$$

$$r=M_{轻}\ x_{F}r_{轻}+M_{重}(1-x_{F})r_{重} \tag{7-54}$$

式中 $c_{p进料}$——进料混合液在平均温度下的比热容，kJ/(kmol·℃)；

r——进料混合液在泡点温度下的汽化潜热，kJ/kmol；

$c_{p轻}$，$c_{p重}$——定性平均温度($T_{泡点}+T_{进料}$)/2 下的轻组分、重组分的比定压热容，kJ/(kg·℃)；

$M_{轻}$，$M_{重}$——轻组分、重组分的相对分子质量；

$r_{轻}$，$r_{重}$——泡点温度下轻组分、重组分的汽化潜热，kJ/kg。

本实验要求在冷液回流条件下进行。实验前首先确定实验目的，然后进行相关参数的设计，根据实验目的与预先设计的有关实验参数完成实验设计方案，在确定实验设计方案合理可行的前提下，按照自己设计的实验方案在实验室内完成精馏操作实验。

7.4.3 实验装置及设备主要参数、操作参数

(1) 设备的主要技术参数

本实验装置的主体设备是筛板精馏塔，配套的有加料系统、回流系统、产品出料管路、残液出料管路、进料泵和一些测量、控制仪表。

筛板塔主要结构参数：塔内径 $D=68$mm，厚度 $\delta=2$mm，塔板数 $N=10$ 块，板间距 $H_T=100$mm。

加料位置为由下向上数第 4 块和第 6 块。降液管采用弓形，齿形堰，堰长 56mm，堰高 7.3mm，齿深 4.6mm，齿数 9 个。降液管底隙 4.5mm。筛孔直径 $d_0=1.5$mm，正三角形排列，孔间距 $t=5$mm，开孔数为 74 个。塔釜为内电加热式，加热功率 2.5kW，有效容积为 10L。塔顶冷凝器、塔釜换热器均为盘管式。单板取样为自下而上第 1 块和第 10 块，斜向上为液相取样口，水平管为气相取样口。

本实验料液为乙醇-水溶液，釜内液体由电加热器产生蒸气逐板上升，经与各板上的液体传质后，进入盘管式换热器壳程，冷凝成液体后再从集液器流出，一部分作为回流液从塔顶流入塔内，另一部分作为产品馏出，进入产品储罐；残液经釜液转子流量计流入釜液储罐。精馏过程如图 7-4 所示。

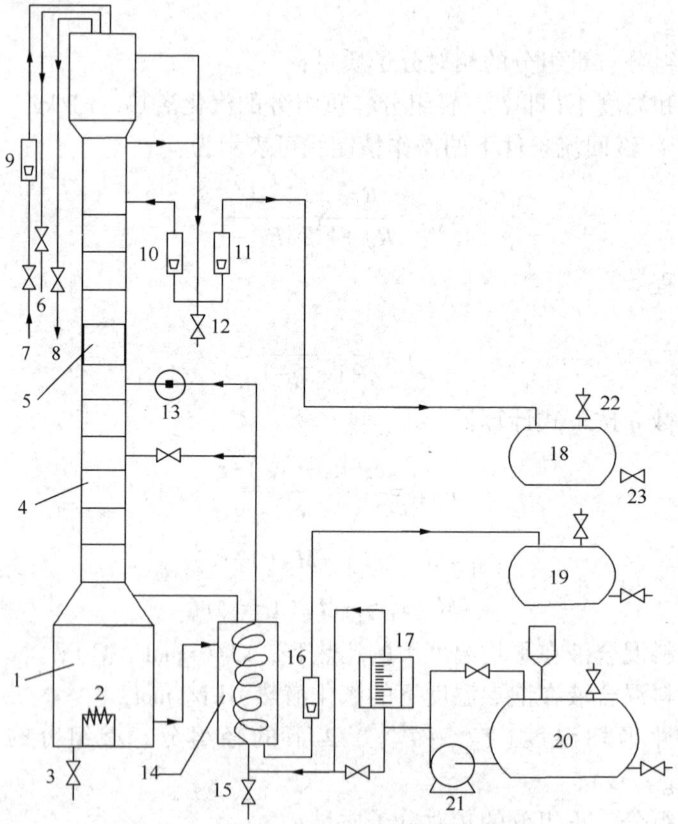

图 7-4 筛板塔精馏塔实验装置图

1—塔釜；2—电加热器；3—塔釜排液口；4—塔节；5—玻璃视镜；6—不凝性气体出口；7—冷却水进口；8—冷却水出口；9—冷却水流量计；10—塔顶回流流量计；11—塔顶出料液流量计；12—塔顶出料取样口；13—进料阀(电磁阀)；14—换热器；15—进料液取样口；16—塔釜残液流量计；17—进料液流量计；18—产品罐；19—残液罐；20—原料罐；21—进料泵；22—排空阀；23—排液阀

（2）原料选择（供参考）

物系：乙醇-正丙醇或乙醇-水（自选）；

原料液浓度：15%～25%（轻组分质量分数）；

用量：约 8000mL。

（3）实验装置（图 7-4）

（4）操作参数

序 号	名 称	数据范围	说 明
1	塔釜加热	电压 90～150V	维持正常操作下的参数值
		电流 4.0～10.0A	
2	回流比(R)	最小～∞	设计值
3	回流温度/℃	30～60	设计值
4	进料量/(L/h)	5.0～10.0	
5	塔顶温度/℃	78～88	维持正常操作下的参数值
6	产品浓度	0.6～0.95	
7	操作稳定时间/min	20～35	(1)开始升温到正常操作约 30min； (2)正常操作稳定时间内各操作参数值维持不变，板上鼓泡均匀

物料的组成乙醇浓度采用阿贝折光仪进行测定：在样品室温度 30℃下测定样品的折光率，通过折光率算出质量分数 W，就可算出摩尔分数 x。

① 对于乙醇-正丙醇体系，30℃下的质量分率与折光率之间关系。

$$W_A = 58.84 - 42.61 n_D \tag{7-55}$$

式中 W_A——溶质轻组分的质量分数；

n_D——折光指数（折光率）。

② 对于乙醇-水体系，质量分率 W_A 与 20℃折光率之间关系可查附录九。

$$n_D^{20} = n_D^t + 0.00045(t-20) \tag{7-56}$$

式中 n_D^t——折光指数；

t——折射仪的工作温度，℃。

摩尔分数由下式计算：

$$x = \frac{(W_A/M_A)}{(W_A/M_A) + (1-W_A)/M_B} \tag{7-57}$$

式中 M_A——轻组分的相对分子质量；

M_B——重组分的相对分子质量；

x——轻组分摩尔分数。

7.4.4 实验方法与注意事项

（1）实验方法

① 实验前准备工作。

a. 关闭实验装置各阀门；

b. 配制约 6000mL 质量浓度为 20%左右的二元物系混合物，倒入高位槽；

c. 打开塔底排气阀和进料阀，向精馏釜内加料至液面计上限高度；

d. 关闭塔底排气阀，关闭进料阀；

e. 准备好取样注射器和擦阿贝折光仪的镜头纸；

f. 将与阿贝折光仪配套的超级恒温水浴槽的加热温度设定到 30℃，并进行加热；

g. 开启实验装置电源，并记下各表基本数值。

② 全回流操作。

a. 打开塔顶冷却水阀至适宜开度；

b. 启动加热器，调节电压到 80V 左右，给塔釜预热 3min 后，缓慢将电压调至选定值进行正常加热；

c. 精馏塔下段塔板上出现鼓泡后，缓慢调节电压至塔内操作正常；

d. 塔顶温度稳定，精馏塔上段塔板鼓泡均匀，并稳定操作 20min 左右后，用注射器采出塔顶、塔釜样品，并同时记录各点温度；

e. 开超级恒温水浴槽的循环水，用阿贝折光仪分析样品浓度。

③ 部分回流操作。

a. 在全回流的操作正常稳定后打开进料阀，控制进料量在选定值；

b. 按回流比控制器开关，调节回流比在选定值；

c. 缓慢调节电压，使塔顶温度稳定，精馏塔上段塔板鼓泡均匀，维持操作正常 20min 左右，用注射器采出塔顶、塔釜及进料样品，同时记录各点温度及操作参数；若产品达不到要求，将通过调节电压，控制各塔的温度，控制进料量和进料温度，控制回流比和回流温度、采出量等操作条件来实现；

d. 开超级恒温水浴槽的循环水，用阿贝折光仪分析样品浓度。

④ 实验完毕。

a. 检查数据合理后，关进料阀、关回流比控制器；

b. 将加热电压调至零位，停加热；

c. 关装置电源；

d. 待 10min 后关塔顶冷却水阀；

e. 关超级恒温水浴槽循环水；

f. 切断超级恒温水浴槽电源；

g. 整理实验用具复原。

(2) 注意事项

① 实验所用物系是易燃物品，操作过程中避免洒落以免发生危险；

② 电压调节一定要缓慢，塔釜料液加热不要过快，以免加热过猛，气相负荷过高；

③ 塔釜液面过高时调节液面控制阀，使釜液面控制在液面计上下限之间；

④ 升温和正常操作中釜的电功率不能过大；

⑤ 读取折光指数(折光率)，一定要同时记录折光仪的样品室温度；

⑥ 产品接料瓶满后打开阀门装进回收瓶；

⑦ 实验过程各参数要控制稳定。

7.4.5 实验数据记录表(表 7-10)

表 7-10 精馏实验数据

操作参数	项 目		加热电压/V	加热电流/A	进料量/(L/h)	进料温度/℃	塔顶温度/℃	塔釜温度/℃	回流温度/℃
	回流比								

样品分析	项 目		样品	阿贝尔仪工作温度/℃	折光率	质量分率	摩尔分率
	回流比		塔顶				
			塔釜				
			进料				
			塔顶				
			塔釜				

部分回流操作热状况参数 q 计算		进料	回流液
	定性平均温度/℃	$T_{定}=(T_{进}+T_{泡})/2$	$T_{定}=(T_{顶}+T_{回})/2$
	轻组分比热容/[kJ/(kg·℃)]		
	重组分比热容/[kJ/(kg·℃)]		
	混合液比定压热容/[kJ/(kmol·℃)]		
	泡点温度/℃(通过相图查出)		
	轻组分汽化潜热/(kJ/kg)		
	重组分汽化潜热/(kJ/kg)		
	混合液汽化潜热/(kJ/kmol)		
	热状况参数 q		

计算结果		全回流	部分回流
	理论板数(N_T)/块		
	全塔效率(E_T)		

7.4.6 思考题

① 如何提高塔顶的产品浓度？影响全塔效率的主要因素有哪些？

② 什么是全回流？全回流操作有哪些特点，在生产中有什么实际意义？

③ 如何控制精馏塔的正常操作？加热电流过大或过小对操作有什么影响？

④ 塔顶冷液回流对塔操作有何影响？

⑤ 当回流比 $R<R_{min}$ 时，精馏塔是否还能进行操作？如何确定精馏塔操作回流比？其他条件不变，只改变回流比对塔的性能有何影响？操作中增加回流比的方法是什么？能否采用减少塔顶出料量 D 的方法？

⑥ 进料板的位置是否可以任意选择？它对塔的性能有何影响？进料状态对精馏塔操作有何影响？确定 q 线需测定哪几个量？

⑦ 冷液进料对精馏塔操作有什么影响？当进料状况为冷态进料，且进料量太大时，为什么会出现精馏段干板，甚至出现塔顶既无回流也无出料的现象？应如何调节？

7.5 筛板塔精馏综合实验

7.5.1 实验目的

① 了解筛板精馏塔及其附属设备的基本结构，掌握精馏过程的基本操作方法；

② 学习测定精馏塔全塔效率和单板效率的实验方法；

③ 掌握精馏单元操作不正常现象及处理措施；

④ 掌握灵敏板的概念。

7.5.2 基本原理

(1) 全塔效率(E_T)

平衡线、全回流操作的图解法求理论板数、部分回流操作的图解法求理论板数，参照筛板塔精馏设计实验内容。

(2) 单板效率(E_M)

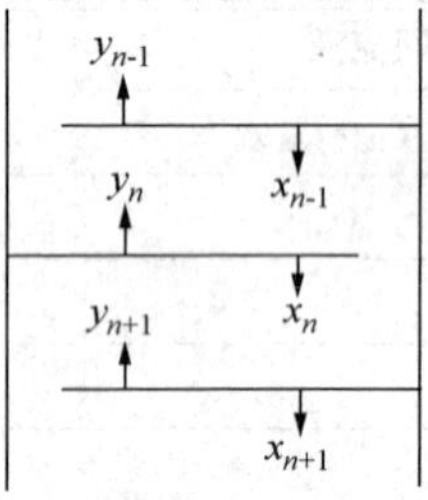

图 7-5 塔板气液流向示意

单板效率又称莫弗里板效率，如图 7-5 所示，是指气相或液相经过一层实际塔板前后的组成变化值与经过一层理论塔板前后的组成变化值之比。

按气相组成变化表示的单板效率为：

$$E_{MV}=\frac{y_n-y_{n+1}}{y_n^*-y_{n+1}} \tag{7-58}$$

按液相组成变化表示的单板效率为：

$$E_{ML}=\frac{x_{n-1}-x_n}{x_{n-1}-x_n^*} \tag{7-59}$$

式中 y_n，y_{n+1}——离开第 n、$n+1$ 块塔板的气相组成，摩尔分数；

x_{n-1}，x_n——离开第 $n-1$、n 块塔板的液相组成，摩尔分数；

y_n^*——与 x_n 成平衡的气相组成，摩尔分数；

x_n^*——与 y_n 成平衡的液相组成，摩尔分数。

在精馏实验中，塔板上是符合气液相平衡关系的，即塔板上下降液体中的易挥发组分的摩尔分数与上升气相中的易挥发组分的关系可用平衡方程表示，而两个塔板间的摩尔分数又是符合操作线方程的，所以可根据这两个方程算出来。以液相组成变化表示的单板效率为例，已知实验测定 x_{n-1}、x_n 的浓度，由 x_n 通过操作线得出 y_n，由 y_n 通过平衡线得出 x_n^* 即可。

(3) 精馏单元操作不正常现象及处理措施

① 塔顶温度高于正常值，塔釜温度低于正常值，馏出液组成降低，这是因为塔板分离能力不够，应加大回流比。

② 塔釜温度变化不大，塔顶温度逐渐升高，流出液组成降低，这是因为 $Dx_D>Fx_F-Wx_W$，又可以细分为：

a. $\frac{D}{F}>\frac{x_F-x_W}{x_D-x_W}$，即塔顶采出率过大；

b. x_F 下降过多。

处理方法：对情况 a 应适当使 D 下降、W 上升，待塔底温度逐步降至正常时再调节各操作参数使精馏过程处于 $Dx_D=Fx_F-Wx_W$ 下进行；对情况 b 可使进料板下移或使 R 上升。

③ 塔顶温度变化不大，塔釜温度逐渐下降，釜液组成升高，这是因为 $Dx_D<Fx_F-Wx_W$，又可细分为：

a. $\frac{D}{F}<\frac{x_F-x_W}{x_D-x_W}$；

b. x_F 上升太快。

处理方法：对情况 a 与现象②中的 a 相反，对情况 b 可使进料板上移或加大塔釜电加热功率，并使 D 上升，W 下降。

④ 塔板漏液，塔釜压力降低，塔板上液面下降或消失，这是因为上升蒸气量不够，应适当加大塔釜电加热功率。

⑤ 液沫夹带严重，馏出液和釜残液不符合要求，塔釜压力偏高，这是因为上升蒸气量和液体回流量过大，应减少塔釜电加热功率和回流量。

⑥ 液体逐板下降不畅，塔釜压力陡升，造成淹塔，这是因为溢流液泛，夹带液泛，应减少回流液和上升蒸气量。

⑦ 塔釜压力逐渐升高，塔顶冷凝效果降低，这是因为塔内不凝性气体聚集，应排放不凝气。

7.5.3 实验装置

精馏装置及过程见图 7-4。

7.5.4 实验步骤与注意事项

(1) 实验步骤

本实验的主要操作步骤如下：

① 全回流。

a. 配制浓度 10%~20%(体积分数)的料液加入储罐中，打开进料管路上的阀门，由进料泵将料液打入塔釜，观察塔釜液位计高度，进料至釜容积的 2/3 处(进料时可以打开进料旁路的闸阀，加快进料速度)；

b. 关闭塔身进料管路上的阀门，启动电加热管电源，逐步增加加热电压，使塔釜温度缓慢上升(因塔中部玻璃部分较脆弱，若加热过快玻璃极易碎裂，使整个精馏塔报废，故升温过程应尽可能缓慢)；

c. 打开塔顶冷凝器的冷却水，调节至适当冷凝量，并关闭塔顶出料管路，使整塔处于全回流状态；

d. 当塔顶温度、回流量和塔釜温度稳定后，精馏塔上段塔板鼓泡均匀，并稳定操作 20min 左右后，分别取塔顶浓度 X_D 和塔釜浓度 X_W 分析。

② 部分回流。

a. 在储料罐中配制一定浓度的乙醇水溶液(约 10%~20%)；

b. 待塔全回流操作稳定时，打开进料阀，调节进料量至适当的流量；

c. 控制塔顶回流和出料两转子流量计，调节回流比 R($R=1\sim4$)；

d. 打开塔釜残液流量计，调节至适当流量；

e. 当塔顶、塔内温度读数以及流量都稳定后，精馏塔上段塔板鼓泡均匀，并稳定操作

20min 左右后，即可取样。

③ 取样与分析。

a. 进料、塔顶、塔釜从各相应的取样阀放出；

b. 塔板取样用注射器从所测定的塔板中缓缓抽出，取 1mL 左右注入事先洗净烘干的针剂瓶中，并给该瓶盖标号以免出错，各个样品尽可能同时取样；

c. 将样品进行分析。

(2) 注意事项

① 塔顶放空阀一定要打开，否则容易因塔内压力过大导致危险；

② 料液一定要加到设定液位 2/3 处方可打开加热管电源，否则塔釜液位过低会使电加热丝露出干烧损坏；

③ 如果实验中塔板温度有明显偏差，是由于所测定的温度不是气相温度，而是气液混合的温度。

7.5.5 实验报告

① 将塔顶、塔底温度和组成，以及各流量计读数等原始数据列表；

② 按全回流和部分回流分别用图解法计算理论板数；

③ 计算单板效率；

④ 分析并讨论实验过程中观察到的现象。

7.5.6 思考题

① 测定全回流和部分回流总板效率与单板效率时各需测几个参数？取样位置在何处？

② 全回流时测得板式塔上第 n、$n-1$ 层液相组成后，如何求得 x_n^*？部分回流时，又如何求 x_n^*？

③ 在全回流时，测得板式塔上第 n、$n-1$ 层液相组成后，能否求出第 n 层塔板上的以气相组成变化表示的单板效率？

④ 若测得单板效率超过 100%，做何解释？

⑤ 试分析实验结果成功或失败的原因，提出改进意见。

7.6 吸收与解吸综合实验

7.6.1 实验目的

① 了解吸收与解吸装置的设备结构、流程和操作；

② 学会填料吸收塔流体力学性能的测定方法，了解影响填料塔流体力学性能的因素；

③ 学会吸收塔传质系数的测定方法，了解气速和喷淋密度对吸收总传质系数的影响；

④ 学会解吸塔传质系数的测定方法，了解影响解吸传质系数的因数；

⑤ 练习吸收解吸联合操作，观察塔釜溢流及液泛现象。

7.6.2 实验原理

(1) 填料塔流体力学特性实验

参见 92 页“7.3.2 (1)填料塔流体力学特性实验”。

(2) 吸收原理

根据传质速率方程，在假定 $K_X a$ 为常数、等温、低吸收率(或低浓、难溶等)条件下推导得出吸收速率方程：

$$Z=\int_0^Z \mathrm{d}Z=\frac{L}{K_X a\Omega}\int_{X_2}^{X_1}\frac{\mathrm{d}X}{X^* - X}=H_{OL}\cdot N_{OL}$$

$$N_{OL}=\int_{X_2}^{X_1}\frac{\mathrm{d}X}{X^* - X}$$

当平衡线可近似视为直线时，传质单元数通过对数平均推动力法计算：

$$N_{OL}=\frac{X_1-X_2}{\Delta X_m} \tag{7-60}$$

所以，

$$K_X a=\frac{L}{Z\cdot\Omega}\frac{(X_1-X_2)}{\Delta X_m} \tag{7-61}$$

由全塔物料衡算：

$$G=L(X_1-X_2)=V(Y_1-Y_2)$$

$$V=Z\cdot\Omega$$

则：

$$K_X a=G/(V\cdot\Delta X_m)$$

$$G=K_X a\cdot V\cdot\Delta X_m \tag{7-62}$$

式中 $K_X a$——体积传质系数，$kmolCO_2/(m^3\cdot h)$；

G——填料塔的吸收量，$kmolCO_2/h$；

L——单位时间通过塔的溶剂量，$kmolHO_2/h$；

V——填料层的体积，m^3；

ΔX_m——填料塔的平均推动力。

① G 的计算：

如图 7-6，已知可测出：由涡轮流量计和质量流量计分别测得水流量 $Q_水$（m^3/h）、空气流量 $Q_气$（m^3/h）（显示流量为 20℃，101.325kPa 标准状态流量）；y_1、y_2可由二氧化碳分析仪直接读出。

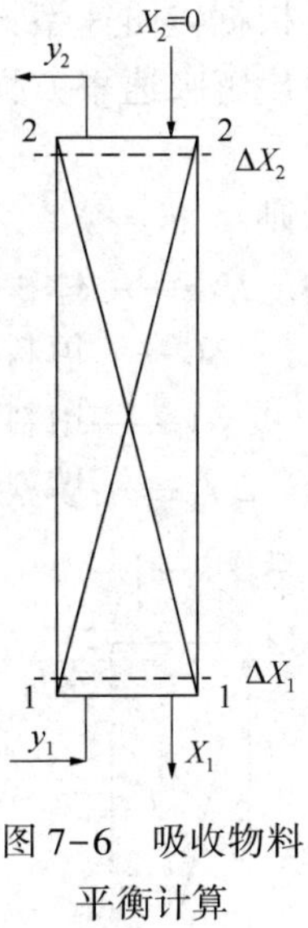

图 7-6 吸收物料平衡计算

将水流量单位进行换算：

$$L_水(kmol/h)=Q_水\times\rho_水/M_水 \tag{7-63}$$

式中 $Q_水$——水的仪表流量，m^3/h；

$\rho_水$——水的密度，20℃时，$\rho_水=998.2kg/m^3$；

$M_水$——水的摩尔质量，$M_水=18kg/kmol$。

将气体流量单位进行换算：

$$V_气(kmol/h)=Q_气\times\rho_0/M_{空气} \tag{7-64}$$

式中 $Q_气$——空气的仪表流量，m^3/h；

ρ_0——空气密度，标准状态下，$\rho_0=1.205kg/m^3$；

$M_{空气}$——空气的摩尔质量，$M_{空气}=29kg/kmol$。

由此可以得到 $L_水$、$V_气$。

由全塔物料衡算可列式： $G=L_水(X_1-X_2)=V_气(Y_1-Y_2)$

二氧化碳体积分数转换为：

$$Y_1=\frac{y_1}{1-y_1};\ Y_2=\frac{y_2}{1-y_2}$$

一般认为吸收剂自来水中不含 CO_2，则 $X_2=0$，

$$X_1=\frac{V_{气}(Y_1-Y_2)}{L_{水}} \tag{7-65}$$

由此，可计算出 G 和 X_1。

② ΔX_m的计算：

根据测出的水温可插值求出亨利常数 E(1atm)，本实验为 $p=1$atm，则 $m=E/P$，

$$\Delta X_m=\frac{\Delta X_2-\Delta X_1}{\ln\dfrac{\Delta X_2}{\Delta X_1}} \tag{7-66}$$

上式中，ΔX_1，ΔX_2由下式计算：

$$\Delta X_2=X_{e2}-X_2;\ \Delta X_1=X_{e1}-X_1$$

上式中，X_1，X_2由(7-63)计算，X_{e1}，X_{e2}由下式计算：

$$X_{e2}=\frac{Y_2}{m};\ X_{e1}=\frac{Y_1}{m}$$

另外，$X_{e2}=\dfrac{x}{1-x}=\dfrac{\dfrac{y_2}{m}}{1-\dfrac{y_2}{m}}\approx\dfrac{y_2}{m}$，或者直接采用 $X_{e2}=\dfrac{Y_2}{m}$，两种方法都可以。

上式中，m 参见前面表 7-7。

(3) 解吸过程

根据传质速率方程，在假定 K_Ya 为常数、等温、低解吸率(或低浓、难溶等)条件下推导得出解吸速率方程：

$$K_Ya=G/(V\cdot\Delta Y_m)$$

则：

$$G=K_Ya\cdot V\cdot\Delta Y_m \tag{7-67}$$

式中 K_Ya——体积解吸系数，kmolCO_2/($m^3\cdot$h)；

G——填料塔的解吸量，kmolCO_2/h；

V——填料层的体积，m^3；

ΔY_m——填料塔的平均推动力。

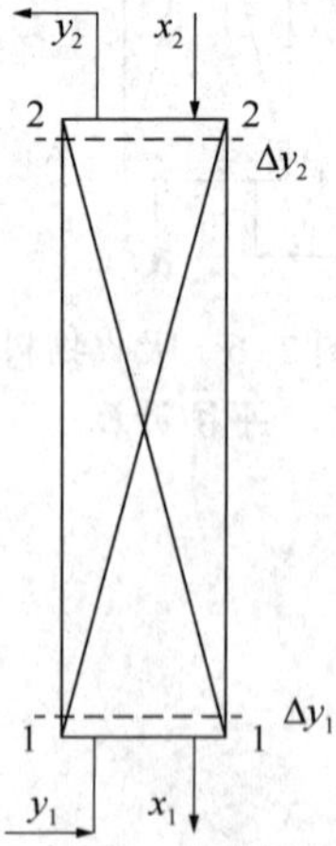

图 7-7 解吸物料平衡计算

① G 的计算：

如图 7-7，已知可测出：由流量计测得 $Q_{水}$(m^3/h)、$Q_{气}$(m^3/h)，y_1、y_2可由二氧化碳分析仪直接读出。

将水流量单位进行换算：

$$L_{水}(\text{kmol/h})=Q_{水}\times\rho_{水}/M_{水} \tag{7-68}$$

式中 $Q_{水}$——水的仪表流量，m^3/h；

$\rho_{水}$——水的密度，20℃时，$\rho_{水}=998.2$kg/m^3；

$M_{水}$——水的摩尔质量，$M_{水}=18$kg/kmol。

将气体流量单位进行换算：

$$V_{气}(\text{kmol/h})=Q_{气}\times\rho_0/M_{空气} \tag{7-69}$$

式中 $Q_{气}$——空气的仪表流量，m^3/h；

ρ_0——空气密度，标准状态下，$\rho_0=1.205$kg/m^3；

$M_{空气}$——空气的摩尔质量，$M_{空气}=29$kg/kmol。

由此可以得到 $L_{水}$、$V_{气}$。

由全塔物料衡算可列式： $G=L_{水}(X_2-X_1)=V_{气}(Y_2-Y_1)$

二氧化碳体积分数转换为：

$$Y_1=\frac{y_1}{1-y_1};\quad Y_2=\frac{y_2}{1-y_2}$$

一般认为空气中不含 CO_2，则 $y_1=0$。又因为进塔液体中 X_2有两种情况，一是直接将吸收后的液体用于解吸，则其浓度即为前吸收计算出来的实际浓度 X_1；二是只做解吸实验，可将 CO_2充分溶解在液体中，可近似形成该温度下的饱和浓度，其 X_2可由亨利定律求算出：

$$X_2=\frac{y}{m}=\frac{1}{m} \tag{7-70}$$

则可计算出 G、X_1。

② ΔY_m的计算：

根据测出的水温可插值求出亨利常数 E(1atm)，本实验为 $p=1$atm，则 $m=E/P$。

$$\Delta Y_m=\frac{\Delta Y_2-\Delta Y_1}{\ln\dfrac{\Delta Y_2}{\Delta Y_1}} \tag{7-71}$$

上式中，ΔY_1、ΔY_2由下式计算：

$$\Delta Y_2=Y_{e2}-Y_2;\quad \Delta X_1=Y_{e1}-Y_1$$

上式中，Y_{e1}、Y_{e2}由下式计算：

$$Y_{e2}=m\cdot X_2;\quad Y_{e1}=m\cdot X_1$$

上式中，m 参见前面表 7-7。

7.6.3 实验装置和流程

(1) 实验装置

本实验是在填料塔中用水吸收混合气中的 CO_2，用空气解吸富液中的 CO_2以求取填料塔的吸收传质系数和解吸系数，见图 7-8。

(2) 流程说明

① 空气：

空气来自风机出口总管，分成两路：一路经流量计 FI01 与来自流量计 FI05 的 CO_2气混合后进入填料吸收塔底部，与塔顶喷淋下来的吸收剂(水)逆流接触吸收，吸收后的尾气从塔顶排出；另一路经流量计 FI03 进入填料解吸塔底部，与塔顶喷淋下来的含 CO_2水溶液逆流接触进行解吸，解吸后的尾气从塔顶排出。

② CO_2：

钢瓶中的 CO_2经减压阀分成两路：一路经调节阀 VA05、流量计 FI05 进入吸收塔；另一路经 FI06、VA15 进入水箱与循环水充分混合可形成饱和 CO_2水溶液。

③ 水：

自来水先进水箱，经过离心泵送入塔顶，吸收液流入塔底，分成两情况：一是若只做吸收实验，吸收液流经缓冲罐后直接排地沟；二是若做吸收-解吸联合操作实验，可开启解吸泵，将溶液经流量计 FI04 送入解吸塔顶，经解吸后的溶液从解吸塔底流经倒 U 形管排入地沟。

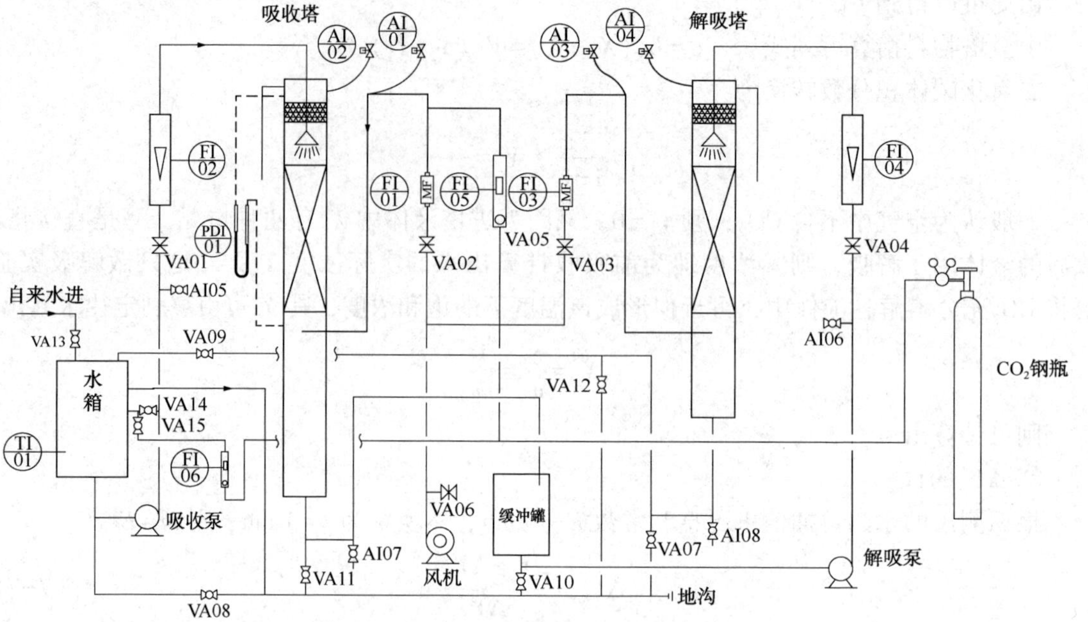

图 7-8　吸收与解吸实验流程图

阀门：VA01—吸收液流量调节阀；VA02—吸收塔空气流量调节阀；VA03—解吸塔空气流量调节阀；VA04—解吸液流量调节阀；VA05—吸收塔 CO_2 流量调节阀；VA06—风机旁路调节阀；VA07—解吸塔放净阀；VA08—水箱放净阀；VA09—解吸液回流阀；VA10—缓冲罐放净阀；VA11—吸收塔放净阀；VA12—解吸液排液阀；VA13—自来水进液阀；VA14—吸收液循环阀；VA15—水箱 CO_2 流量调节阀；AI01—吸收塔进气采样阀；AI02—吸收塔出气采样阀；AI03—解吸塔进气采样阀；AI04—解吸塔出气采样阀；AI05—吸收塔塔顶液体采样阀；AI06—解吸塔塔顶液体采样阀；AI07—吸收塔塔底液体采样阀；AI08—解吸塔塔底液体采样阀

温度：T01—液相温度

流量：FI01—吸收空气流量；FI02—吸收液流量；FI03—解吸空气流量；FI04—解吸液流量；FI05—吸收塔 CO_2 气体流量；FI06—水箱 CO_2 气体流量

差压：PDI01—U 形压差计(±2000Pa)

④ 取样：

在吸收塔气相进口设有取样点 AI01，出口上设有取样点 AI02，在解吸塔气体进口设有取样点 AI03，出口有取样点 AI04，气体从取样口进入二氧化碳分析仪进行含量分析。

(3) 设备仪表参数

吸收塔：塔内径 100mm，填料层高 550mm，填料为 ϕ10mm 陶瓷拉西环，丝网除沫；

解吸塔：塔内径 100mm，填料层高 550mm，填料为 ϕ6mm 不锈钢 θ 环，丝网除沫；

风机：旋涡气泵，16kPa，145m^3/h；

吸收泵：扬程 14m，流量 3.6m^3/h；

解吸泵：扬程 14m，流量 3.6m^3/h；

水箱：PE，50L；

缓冲罐：透明有机玻璃材质，9L；

温度：Pt100 传感器，0.1℃；

水涡轮流量计：200~1000L/h，0.5%FS；

气体质量流量计：0~18m^3/h，（FI01）；0~1.2m^3/h，（FI03）；

气体转子流量计：0.3~3L/min；

二氧化碳检测仪：量程20%VOL，分辨率0.01%VOL；

U形差压计：±2000Pa。

7.6.4 操作步骤

（1）填料塔流体力学性能测定

① 依次开启实验装置的总电源、控制电源，开启电脑，运行控制软件，开启风机，从小到大调节空气流量，测定吸收塔干填料的塔压降，并记下空气流量、塔压降，按2、4、6、8、10、12m^3/h调节（为建议值），得到$\Delta p-u$的关系。

② 开动吸收泵，调节FI02数值为200L/h，对吸收塔填料进行润湿5min，然后把水流量调节到指定流量，一般为0、200、300、400L/h。

③ 开启风机，从小到大调节空气流量，观察填料塔中液体流动状况，并记下空气流量、塔压降和流动状况；实验接近液泛时，进塔气体的流量速度要放慢，待各参数稳定后再读数据，液泛后填料层压降在几乎不变气速下明显上升，务必要掌握这个特点。并注意不要使气速过分超过泛点，避免冲破填料。

④ 关闭水和空气流量计，停止吸收泵和风机。

（2）单独吸收实验

① 水箱中加入自来水至水箱液位的75%左右，开启吸收泵，待吸收塔底有一定液位时，调节吸收液流量调节阀VA01到实验所需流量。开启缓冲罐放净阀VA10将吸收后的水排放。按200、350、500、650L/h水量调节。

② 全开VA06和VA02，关闭VA03，启动风机，逐渐关小VA06，可微调VA02使FI01风量在0.7m^3/h左右。实验过程中维持此风量不变。

③ 关闭VA15，开启VA05，开启CO_2钢瓶总阀，微开减压阀，根据CO_2流量计读数可微调VA05使CO_2流量在约1~2L/min，维持进气浓度在7.5%~8%左右。实验过程中维持此流量不变。

需要注意的是，由于从钢瓶中经减压释放出来的CO_2，流量需要一定稳定时间，因此，为减少不必要的先开水和先开风机的电浪费，最好将此步骤先提前半个小时进行，约半个小时后，CO_2流量可以达到稳定，然后再开水和风机。

④ 当各流量维持一定时间后（填料塔体积约5L，气量按0.7m^3/h计，全部置换时间约45s，既按2min为稳定时间），打开AI01电磁阀，在线分析进口CO_2浓度，等待2min，检测数据稳定后采集数据，再打开AI02电磁阀，等待2min，检测数据稳定后采集数据。

⑤ 调节水量（按200、350、500、650L/h调节水量），每个水量稳定后，按上述步骤依次取样。

⑥ 实验完毕后，应先关闭CO_2钢瓶总阀，等CO_2流量计无流量后，关闭减压阀，停风机，关水泵。

（3）吸收解吸联合实验

① 水箱中加入去自来水至水箱液位的75%左右，开启吸收泵和调节阀VA01，待缓冲罐

有一定液位时，开启解吸泵，调节吸收液流量调节阀 VA01 和解吸液流量调节阀 VA04 到实验所需流量(建议按 200、350、500、650L/h 水量调节)。打开 VA12，解吸塔底部出液由塔底的倒 U 形管直接排入地沟(若实验室上下水条件有限，也可经阀门 VA09 将解吸塔底部出液溢流至水箱中作为吸收液循环使用，特别说明的是解吸液循环使用实验效果并不如新鲜的水源)。

② 微调 VA02、VA03，使吸收塔和解吸塔风量维持在 0.7m^3/h 左右，并注意保持吸收塔风量维持不变。

③ 开启 VA05，开启 CO_2钢瓶总阀，微开减压阀，根据 CO_2流量计读数可微调 VA05 使 CO_2流量在约 1~2L/min，维持进气浓度在 7.5%~8%左右。实验过程中维持此流量不变。

④ 当各流量维持一定时间后(填料塔体积约 5L，气量按 0.7m^3/h 计，全部置换时间约 45s，既按 2min 为稳定时间)，依次打开采样点阀门(AI01、AI02、AI03、AI04 电磁阀)，在线分析 CO_2浓度，注意每次要等待检测数据稳定后再采集数据。

⑤ 实验完毕后，应先关闭 CO_2钢瓶总阀，等 CO_2流量计无流量后，关闭减压阀，停风机，关水泵。

(4) 单独解吸实验

① 在单独解吸实验时，因液体中 CO_2浓度未知，因此我们需要做饱和液体，只要测得液体温度，即可根据亨利定律求得其饱和浓度，所以，需要在水箱中制作饱和液。

② 水箱中加入自来水至水箱液位的 75%左右，开启吸收泵，关闭 VA01，全开 VA14，开启 CO_2钢瓶总阀，微开减压阀，开启 VA15，调节转子流量计 FI06，使 CO_2流量在约 1~2L/min，实验过程中维持此流量不变，约 10min 后，水箱内的溶液饱和。

③ 保持 VA14、VA15 继续开启，然后开启 VA01，饱和溶液经吸收塔进入缓冲罐，待缓冲罐中有一定液位时，开启解吸泵，开启 VA09(解吸液可溢流至水箱循环使用)，调节 VA04，使解吸水量维持在一定值(为了与不饱和解吸比较，建议在水量为 200L/h)。

④ 全开 VA06 和 VA03，关闭 VA02，启动风机，逐渐关小 VA06，可微调 VA03 使 FI03 风量在 0.7m^3/h 左右。实验过程中维持此风量不变。

⑤ 当各流量维持一定时间后(填料塔体积约 5L，气量按 0.7m^3/h 计，全部置换时间约 45s，既按 2min 为稳定时间)，打开 AI03 电磁阀，在线分析进口 CO_2浓度，等待 2min，检测数据稳定后采集数据，再打开 AI04 电磁阀，等待 2min，检测数据稳定后采集数据。

⑥ 实验完毕后，应先关闭 CO_2钢瓶总阀，等 CO_2流量计无流量后，关闭钢瓶减压阀和总阀。停风机、饱和泵和解吸泵，使各阀门复原。

(5) 注意事项

① 在启动风机前，确保风机旁路阀处于打开状态，防止风机因憋压而剧烈升温。

② 泵是机械密封，严禁泵内无水空转。

③ 泵是离心泵，开启和关闭泵前，先关闭泵的出口阀。

7.6.5 数据记录与处理

原始数据记录、计算结果参考表 7-11 至表 7-14。

表 7-11 流体力学数据测定记录表

水量 = 0L/h		水量 = 200L/h		水量 = 300L/h		水量 = 400L/h	
流量计风量/(m^3/h)	全塔压差(Δp)/Pa	流量计风量/(m^3/h)	全塔压差(Δp)/Pa	流量计风量/(m^3/h)	全塔压差(Δp)/Pa	流量计风量/(m^3/h)	全塔压差(Δp)/Pa
3		2		2		2	
4		3		3		3	
5		4		4		4	
6		5		5		5	
7		6		6			
8		7		6.5			
9		8					
10		8.3					

注：每套装置的液泛流量存在差异，以上表格仅作为样例，具体数据请以实际数据为准。

表 7-12 吸收实验

（水温 = ________，空气流量 = ________，CO_2 流量 = ________，空气进口组成 = ________）

序号	水(L_s)/(L/h)	气相组成		空气(G)/(kmol/h)	ΔX_m	L'_s/[kmol/(m^2·h)]	$K_X a$/[kmol/(m^3·h)]	备注
		y_1	y_2					
1	200							
2	350							
3	500							
4	650							

表 7-13 联合实验

（水温 = ________，空气流量 = ________，CO_2 流量 = ________，空气进口组成 = ________）

序号	水(L_s)/(L/h)	气相组成		空气(G)/(kmol/h)	ΔX_m	L'_s/[kmol/(m^2·h)]	$K_X a$/[kmol/(m^3·h)]	备注
		y_1	y_2					
1	200							吸收

表 7-14 解吸实验

（水温 = ________，空气流量 = ________，CO_2 流量 = ________，空气进口组成 = ________）

序号	水(L_s)/(L/h)	气相组成		空气(G)/(kmol/h)	ΔX_m	L'_s/[kmol/(m^2·h)]	$K_X a$/[kmol/(m^3·h)]	备注
		y_1	y_2					
1	200							

附　　录

附录一　空气的重要物理性质

内插法查表。线性内插是假设在两个已知数据中的变化为线性关系，因此可由已知两点的坐标去计算通过这两点的斜线，假设 $a<b<c$，b 点代表要内插的点，$f(b)$ 则是要计算的内插函数值。例如，16℃空气的密度，由 $\frac{\rho_{16}-\rho_{10}}{\rho_{20}-\rho_{16}}=\frac{16-10}{20-16}$ 把 ρ_{20}、ρ_{10} 代入，得 $\rho_{16}=1.2218$。

温度/℃	密度/(kg/m³)	比定压热容/[kJ/(kg·℃)]	导热系数/[W/(m·℃)]	黏度(μ)/(10^{-5}Pa·s)
-10	1.342	1	0.0236	1.67
0	1.293	1.005	0.0244	1.72
10	1.247	1.005	0.0251	1.77
20	1.205	1.005	0.0259	1.81
30	1.165	1.005	0.0267	1.86
40	1.128	1.005	0.0276	1.91
50	1.093	1.005	0.0283	1.96
60	1.06	1.005	0.029	2.01
70	1.029	1.009	0.0297	2.06
80	1.000	1.009	0.0305	2.11
90	0.972	1.009	0.0313	2.15
100	0.946	1.009	0.0321	2.19
120	0.898	1.009	0.0334	2.29
140	0.854	1.013	0.0349	2.37

附录二　水的重要物理性质

温度/℃	密度/(kg/m³)	比热容/[kJ/(kg·℃)]	焓/(kJ/kg)	汽化潜热/(kJ/kg)	黏度(μ)/(mPa·s)	导热系数/[W/(m·℃)]	饱和蒸气压/kPa
0	999.9	4.212	0	2491.10	1.792	0.5513	0.6082
10	999.7	4.191	42.04	2468.5	1.307	0.5745	1.2262
20	998.2	4.183	83.9	2446.30	1.005	0.5989	2.3346
30	995.7	4.178	125.69	2423.70	0.800	0.6176	4.2474
40	992.2	4.178	167.51	2401.10	0.656	0.6338	7.3766
50	988.1	4.178	209.3	2378.10	0.549	0.6478	12.34
60	983.2	4.183	251.12	2355.10	0.468	0.6594	19.923
70	977.8	4.187	292.99	2331.20	0.406	0.6676	31.164
80	971.8	4.195	334.94	2307.80	0.356	0.6745	47.379
90	965.3	4.208	376.98	2283.10	0.316	0.6804	70.136
100	958.4	4.212	419.1	2258.40	0.284	0.6827	101.33
110	951.0	4.238	461.34	2232.00	0.237	0.6850	143.31
120	943.1	4.260	503.38	2205.20	0.218	0.6862	198.64

附录三　乙醇-水在常压下气液相平衡数据

温度/℃	液相组成 X	气相组成 Y
100	0	0
94.95	2.01	18.68
90.50	5.07	33.06
87.70	7.95	40.18
86.20	10.48	44.61
84.50	14.95	49.77
83.30	20.00	53.09
82.35	25.00	55.48
81.60	30.01	57.70
81.20	35.09	59.55
80.75	40.00	61.44
80.40	45.41	63.43
80.00	50.16	65.34
79.75	54.00	66.92
79.55	59.55	69.59
79.30	64.05	71.86
78.85	70.63	75.82
78.60	75.99	79.26
78.40	79.82	81.83
78.20	85.97	86.40
78.15	89.41	89.41

附录四　乙醇-正丙醇在常压下气液相平衡数据

温度/℃	液相组成 X	气相组成 Y
97.6	0	0
93.85	0.126	0.24
92.66	0.188	0.318
91.60	0.210	0.349
88.32	0.358	0.550
86.25	0.461	0.650
84.98	0.546	0.711
84.13	0.600	0.760
83.06	0.663	0.799
80.05	0.884	0.914
78.38	1.0	1.0

附录五 乙醇比定压热容及汽化潜热表

温度/℃	20	40	60	80	100
比定压热容/[kJ/(kg·℃)]	2.378	2.554	2.763	3.011	3.293
汽化潜热/(kJ/kg)	954.57	919.57	881.09	839.35	793.70

附录六 正丙醇比定压热容及汽化潜热表

温度/℃	20	40	60	80	100
比定压热容/[kJ/(kg·℃)]	2.358	2.497	2.697	2.897	2.963
汽化潜热/(kJ/kg)	816.0	788.67	758.50	728.50	691.33

附录七 苯甲酸-煤油-水物系萃取实验分配曲线数据

X	Y(15℃)	Y(25℃)	Y(30℃)	Y(35℃)
0	0	0	0	0
0.0001	0.000125	0.000125	0.000125	0.000125
0.0002	0.000235	0.000235	0.000235	0.000235
0.0003	0.00034	0.00034	0.00034	0.00034
0.0004	0.00043	0.00043	0.00043	0.00043
0.0005	0.000525	0.000525	0.000525	0.000525
0.00055	0.000575	0.00057	0.000563	0.000565
0.0006	0.000605	0.000595	0.00059	0.000585
0.0007	0.000675	0.000665	0.00066	0.000655
0.0008	0.00074	0.00073	0.000725	0.00072
0.0009	0.00081	0.000785	0.000775	0.00076
0.001	0.00086	0.000835	0.000825	0.00081
0.0011	0.000915	0.000885	0.00087	0.000855
0.0012	0.000965	0.00093	0.00091	0.000895
0.0013	0.001	0.00097	0.000955	0.00094
0.0014	0.00104	0.001	0.00098	0.00096
0.0015	0.001075	0.001035	0.00101	0.00099
0.0016	0.00112	0.001065	0.001033	0.00101
0.0017	0.001145	0.00109	0.001065	0.001035
0.0018	0.001175	0.001115	0.00108	0.001055
0.0019	0.0012	0.001135	0.0011	0.001075
0.002	0.001225	0.00116	0.001125	0.00109

附录八 NH_3-H_2O 物系相平衡常数 m 与温度 t 之间的关系

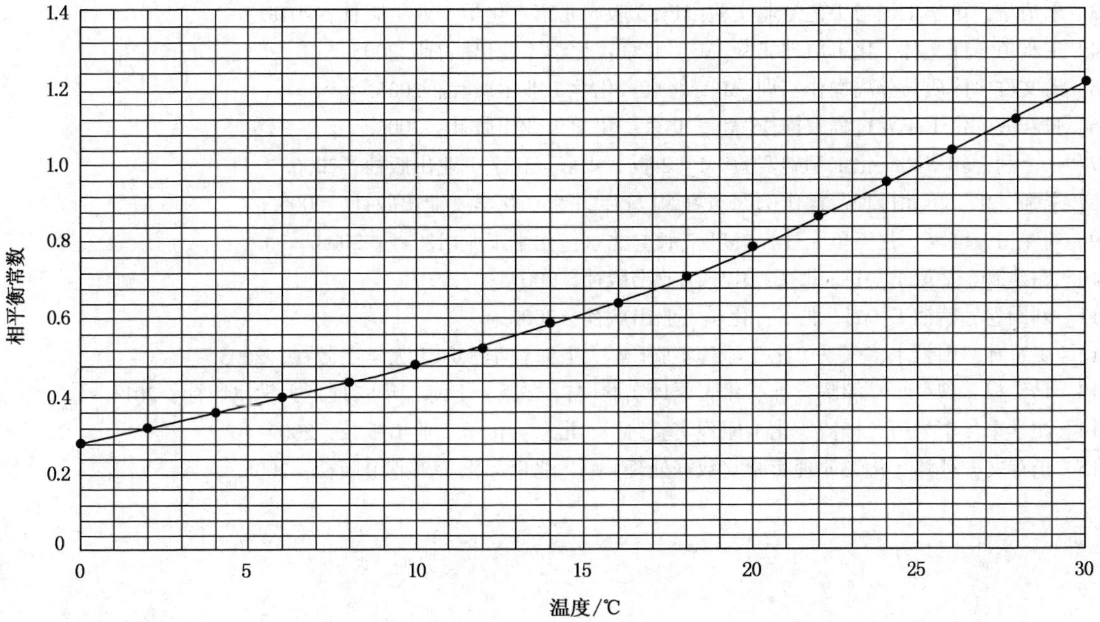

附录九 乙醇-水溶液在标准温度下折光指数与质量分数关系

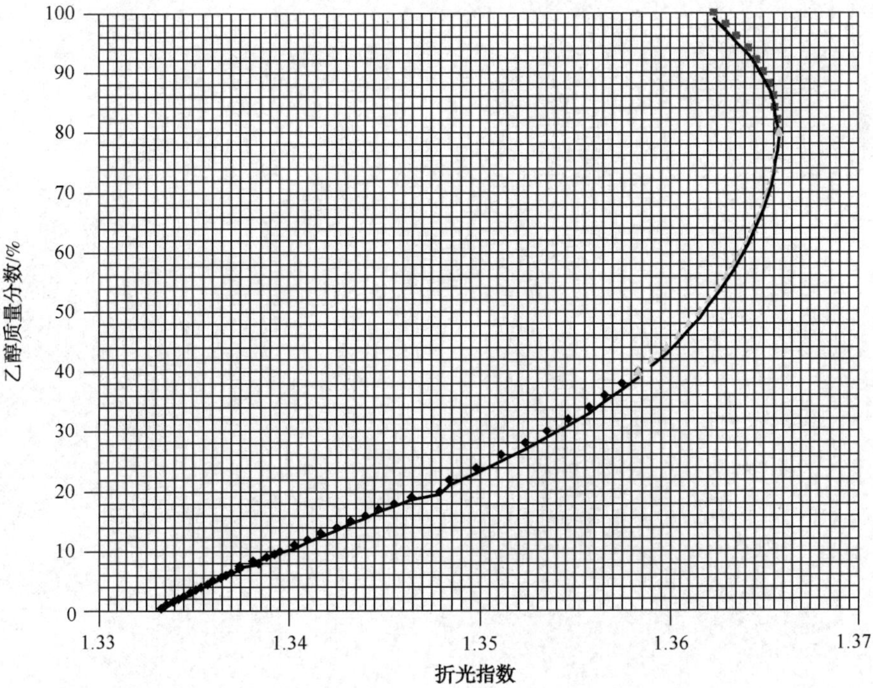

参 考 文 献

[1] 柴诚敬，贾绍义．化工原理(上、下)[M]. 3 版．北京：高等教育出版社，2017.
[2] 郑秋霞．化工原理实验[M]. 北京：中国石化出版社，2007.
[3] 乐清华．化学工程与工艺专业实验[M]. 3 版．北京：化学工业出版社，2018.
[4] 王雅琼，许文林．化工原理实验[M]. 北京：化学工业出版社，2005.
[5] 潘文群．传质与分离操作实训[M]. 北京：化学工业出版社，2006.
[6] 张新战．化工单元过程及操作[M]. 北京：化学工业出版社，2006.
[7] 张金利，郭翠梨．化工基础实验[M]. 2 版．北京：化学工业出版社，2006.
[8] 朱强．化工单元过程及操作例题与习题[M]. 北京：化学工业出版社，2005.
[9] 刘佩田，闫晔．化工单元过程[M]. 2 版．北京：化学工业出版社，2008.
[10] 谢建武．萃取工[M]. 北京：化学工业出版社，2007.
[11] 刘同卷．精馏工[M]. 北京：化学工业出版社，2007.
[12] 史贤林，田恒水，张平．化工原理实验[M]. 上海：华东理工大学出版社，2005.
[13] 马江权，魏科年，韶晖，等．化工原理实验[M]. 2 版．上海：华东理工大学出版社，2011.
[14] 汪学军，李岩梅，楼涛．化工原理实验[M]. 北京：化学工业出版社，2009.
[15] 王存文，孙炜．化工原理实验与数据处理[M]. 北京：化学工业出版社，2008.